乳及乳制品塑化剂风险防控

武亚婷　王富兰　郑　楠　陈　贺　等　编著

中国农业科学技术出版社

图书在版编目（CIP）数据

乳及乳制品塑化剂风险防控／武亚婷等编著. 北京：中国农业科学技术出版社，2025.4. --ISBN 978-7-5116-7370-1

Ⅰ．TS252.5

中国国家版本馆 CIP 数据核字第 2025UR8064 号

责任编辑　金　迪
责任校对　王　彦
责任印制　姜义伟　王思文

出 版 者	中国农业科学技术出版社
	北京市中关村南大街 12 号　邮编：100081
电　　话	（010）82106625（编辑室）　（010）82106624（发行部）
	（010）82109709（读者服务部）
网　　址	https：//castp.caas.cn
经 销 者	各地新华书店
印 刷 者	北京建宏印刷有限公司
开　　本	170 mm×240 mm　1/16
印　　张	8.5
字　　数	148 千字
版　　次	2025 年 4 月第 1 版　2025 年 4 月第 1 次印刷
定　　价	65.00 元

◄━━◄ 版权所有·翻印必究 ►━━►

《乳及乳制品塑化剂风险防控》编写人员

顾　　问：王　成　任红松　王加启
主编著：武亚婷　王富兰　郑　楠　陈　贺
副主编著：张仕琦　赵艳坤　孟　璐　托合提·艾买提
　　　　　王　帅　张红艳　杨　飞　杨　洁
　　　　　郭同军　周晓龙　刘慧敏　徐　敏
　　　　　华震宇　岳海涛　王玉堂　曹双瑜
　　　　　朱　宁　刘圣红
编著人员：（按姓氏笔画排序）
　　　　　马　磊　马洪鹏　马宪兰　王　涛
　　　　　木尼拉·地里夏提　　　　牛淑慧
　　　　　古丽斯坦·阿不都拉　　　多倩倩
　　　　　刘河疆　安　静　杜江涛　杨新月
　　　　　李彬彬　李新霞　张志杰　阿丽亚·吐尔迪
　　　　　阿娜尔古丽·加林　　　　邵　伟
　　　　　卓依娜　赵　妍　郝　蔚　俞金燕
　　　　　姜　文　姜　娜　娄肖肖　秦亚楠
　　　　　徐晓炜　高　璇　高姣姣　崔　醒
　　　　　蔡扩军

前　言

乳及乳制品作为人类重要的营养来源，在膳食结构中占据着不可替代的地位。然而，随着现代工业的发展，塑化剂（增塑剂）在食品接触材料中的广泛应用使乳制品在生产、加工、储运等环节面临潜在的塑化剂污染风险。邻苯二甲酸酯类（PAEs）、己二酸酯类等塑化剂因其环境持久性、生物蓄积性及内分泌干扰特性，已成为全球食品安全领域关注的焦点问题。婴幼儿配方乳粉、液态乳等高暴露风险产品中塑化剂的痕量残留，可能对敏感人群（如婴幼儿、孕妇）的健康构成长期威胁。尽管塑化剂在工业领域应用广泛，但其通过环境迁移、生产链条污染等途径进入乳制品，进而威胁人体健康的风险尚未得到充分认知与有效控制。为此，本书以乳及乳制品中塑化剂的风险防控为核心，系统梳理其来源、毒性、检测技术及管控策略，旨在为行业从业人员、科研工作者及监管机构提供科学参考与实践指导。

本书基于编者在乳制品质量安全领域多年的研究成果，结合国内外最新科研进展与行业实践经验，系统阐述了乳及乳制品中塑化剂污染的全链条防控策略。全书内容以"风险识别—过程控制—技术革新—管理优化"为主线。

本书的编写基于跨学科视角，融合毒理学、分析化学、食品工程与政策管理的最新成果，力求构建"从科学认知到实践应用"的完整知识体系。乳及乳制品塑化剂风险防控是一项需要持续迭代的复杂系统工程。随着新材料、新技术的涌现，相关研究必将向更微观的作用机制、更智能的预警体系发展。希望本书能为食品科学研究者、乳品质量监管者、生产工艺工程师及相关专业师生提供理论参考与实践指引，共同守护"白色产业"的安全底线，推动中国乳业的高质量可持续发展。

本书的出版得到新疆维吾尔自治区奶产业技术体系和新疆维吾尔自治区重点研发计划项目"骆驼产业深加工关键技术研究与应用"的资助，特此说明。

本书的完成得益于国内外同行研究成果的积累，亦期待读者对书中不足之处提出宝贵意见，共同促进该领域的科学发展与技术进步。

编著者

2025 年 2 月

目 录

第一章 塑化剂概述 ……………………………………………………………… 1
第一节 塑化剂的定义 ………………………………………………………… 1
第二节 塑化剂的性质 ………………………………………………………… 4
第三节 塑化剂的分类 ………………………………………………………… 6
第四节 塑化剂的用途 ………………………………………………………… 9
参考文献 ……………………………………………………………………… 16

第二章 塑化剂的人体代谢及毒性 …………………………………………… 18
第一节 塑化剂的危害 ………………………………………………………… 18
第二节 塑化剂的代谢 ………………………………………………………… 23
第三节 塑化剂的毒性 ………………………………………………………… 26
参考文献 ……………………………………………………………………… 34

第三章 塑化剂相关法规标准及限量要求 …………………………………… 38
第一节 国内外相关法规标准及限量要求比较 ……………………………… 38
第二节 塑化剂法规执行的挑战与应对策略 ………………………………… 42
参考文献 ……………………………………………………………………… 44

第四章 塑化剂检测技术的研究现状 ………………………………………… 46
第一节 国内外塑化剂检测标准 ……………………………………………… 46
第二节 国内外塑化剂检测方法 ……………………………………………… 51
参考文献 ……………………………………………………………………… 57

第五章 奶畜及乳制品生产中塑化剂的应用及风险 ………………………… 62
第一节 奶畜养殖过程中塑化剂的潜在风险 ………………………………… 62
第二节 乳品加工过程中塑化剂的潜在风险 ………………………………… 66

第三节　乳制品包装过程中塑化剂的潜在风险 …………… 69
  参考文献 ………………………………………………………… 78

第六章　乳品塑化剂的研究现状 ………………………………… 80
  第一节　婴幼儿乳粉中塑化剂研究现状 ………………………… 80
  第二节　牛乳中塑化剂的研究现状 ……………………………… 86
  第三节　羊乳中塑化剂的研究现状 ……………………………… 91
  第四节　驼乳中塑化剂的研究现状 ……………………………… 99
  参考文献 ………………………………………………………… 103

第七章　乳品塑化剂风险的防控策略 …………………………… 108
  第一节　建立完善的奶产业链塑化剂的风险监测系统 ……… 108
  第二节　建立完善的塑化剂防控技术规范 …………………… 112
  第三节　制定乳品塑化剂检测专用标准 ……………………… 114
  第四节　研发新型塑化剂消减技术 …………………………… 117
  参考文献 ………………………………………………………… 127

第一章
塑化剂概述

第一节 塑化剂的定义

塑化剂，又称增塑剂或可塑剂，被广泛应用于工业生产来增加树脂分子可塑性（赵晓卫，2018）。塑化剂是工业生产中被广泛使用的高分子材料助剂，其主要作用是通过添加到聚合物材料中，减弱树脂分子间的次价键、增加树脂分子键的移动性、降低树脂分子的结晶性以及增加树脂分子的可塑性，从而增强材料的柔韧性、可塑性、延展性和加工性（张依等，2022）。塑化剂添加到各种聚合物材料中，如塑料、橡胶、混凝土、水泥、石膏等，用以改善其性能。塑化剂的使用能够显著改善高分子材料的性能，降低生产成本，提高生产效益。

一、塑化剂发挥塑化作用的不同效应分析

塑化剂和聚合物的相容性很强，交联反应影响比较小，在聚合物中也不容易挥发、扩散和迁移（苟中军等，2024）。塑化剂对聚合物的作用机理包括体积效应、屏蔽效应和耦合效应。

1. 体积效应

体积效应是在聚合物中加入非极性塑化剂之后，塑化剂会插入聚合物的大分子链之间，聚合物的分子间距会增加，并降低分子之间的范德华力。例如，在对聚氯乙烯（PVC）聚合物使用非极性塑化剂时，塑化剂能够改变PVC分子链之间的强力作用，降低PVC的强度、硬度，提高PVC的塑性，从而让PVC具有更好的加工性能。由于非极性塑化剂的作用，PVC分子之间的距离增加，因此PVC材料的体积可能会增大，加入越多的非极性塑化剂，就能获得越好的塑化效果（常仟永，2023）。

2. 屏蔽效应

在聚合物中加入塑化剂之后，能够将聚合物原本的大分子的分子间作用力破坏，并产生全新的增塑剂羰基等极性基团，和原有聚合物大分子之间形

成全新的分子间作用力（王梓雯，2023）。塑化剂可以削弱聚合物大分子间的分子间作用力，有效改善聚合物的延展性能，降低聚合物的黏度。所以，使用极性塑化剂时，塑化剂自身的极性基团越多，极性基团和聚合物分子之间形成的分子间作用力越大，塑化效果就越好，这就是屏蔽效应。

3. 耦合效应

耦合效应是在塑化剂中同时含有极性和非极性成分时，聚合物中的极性结构会与非极性结构或者极性结构耦合，导致聚合物内部的分子间作用力减弱，使聚合物具备更强的可塑性（王梓雯，2023）。

二、塑化剂作用理论

1. 润滑理论

润滑理论是通过在聚合物中加入塑化剂后，塑化剂和聚合物分子混合，使聚合物具有更强的热流动性，能改变聚合物的加工性能，提升产品的柔韧性（杨兴兵，2023）。润滑理论主要解释小分子量单体塑化剂的塑化作用，其中塑化剂作为溶剂，部分没有产生作用力的塑化剂会分散在大分子之间，作为润滑剂。

2. 自由体积理论

当塑化剂加入聚合物中，聚合物的玻璃化转变温度会发生改变，导致聚合物的自由体积增加，即自由体积理论。在聚合物的自由体积增加之后，增塑剂分子更容易插入聚合物的结构中，将会进一步增加聚合物大分子链的间距，从而改善聚合物的力学性能。

3. 凝胶理论

对于软质PVC制品，如果使用大量的塑化剂，PVC在熔融态凝固过程中产生蜂窝结构，这种结构下分子之间的连接十分紧密，很难产生相对运动（丁攀攀，2023）。加入大量塑化剂，可以改善PVC制品的硬脆性，让PVC熔融凝固的过程中容易产生分子之间的相对运动。由于大量塑化剂的加入形成了凝胶，因此该理论被称为凝胶理论。

三、塑化剂的化学结构类型

塑化剂种类达300~400种，按化学结构可以分为邻苯二甲酸酯类、对苯二甲酸酯类、间苯二甲酸酯类、脂肪族二元酸酯类、脂肪酸酯类、苯多酸酯类、多元醇酯类、氯化烃类、环氧烃类、烷基磺酸酯类、聚酯类等，其中最常用的是邻苯二甲酸酯（Phthalic acid esters，PAEs）（图1-1）。

第一章 塑化剂概述

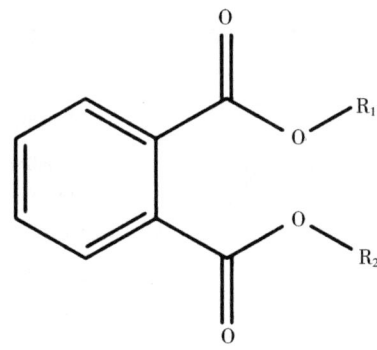

图 1-1 邻苯二甲酸酯（PAEs）塑化剂结构式

（贺诗意，2024）

邻苯二甲酸酯又称酞酸酯，由邻苯二甲酸和醇类化合物酯化合成，是国内外用量最大的一类增塑剂，约 80% 的增塑剂属于邻苯二甲酸酯类（Allen，2017）（表 1-1）。邻苯二甲酸酯类化合物一般在常温下为无色透明的油状黏稠液体，属脂溶性物质，易溶于甲醇、乙醇、乙醚等有机溶剂。邻苯二甲酸酯类化合物具有最理想的工作特性，与聚氯乙烯的相容性好，增速效率高，生产工艺简单，原料来源广泛。因邻苯二甲酸酯类增塑剂具有成本低廉、无色无味、增塑效果好、耐低温等优点，常被用于改善 PVC、氯乙烯共聚物、合成橡胶等高分子材料的性能，被广泛应用于工农业、运输、交通、医药、食品、服装、建筑、国防等各个领域。

表 1-1 常见邻苯二甲酸酯类化合物（PAEs）一览表（吕晓静，2014）

序号	化合物名称	英文名称	英文简写
1	邻苯二甲酸二甲酯	Dimethyl Phthalate	DMP
2	邻苯二甲酸二乙酯	Diethyl Phthalate	DEP
3	邻苯二甲酸二异丙酯	Diisopropyl Phthalate	DIPrP
4	邻苯二甲酸二烯丙酯	Diallyl Phthalate	DAP
5	邻苯二甲酸二丙酯	Dipropyl Phthalate	DPrP
6	邻苯二甲酸二异丁酯	Diisobutyl Phthalate	DIBP
7	邻苯二甲酸二正丁酯	Dibutyl Phthalate	DBP
8	邻苯二甲酸二（2-甲氧基）乙酯	Bis（2-methoxy-ethyl）Phthalate	DMEP
9	邻苯二甲酸二异戊酯	Di-iso-amyl Phthalate	DIPP

(续表)

序号	化合物名称	英文名称	英文简写
10	邻苯二甲酸二（4-甲基-2-戊基）酯	Bis（4-methyl-2-pentyl）Phthalate	BMPP
11	邻苯二甲酸二（2-乙氧基）乙酯	Bis（2-ethoxyethyl）Phthalate	DEEP
12	邻苯二甲酸二戊酯	Dipentyl Phthalate	DPP
13	邻苯二甲酸二己酯	Dihexyl Phthalate	DHXP
14	邻苯二甲酸丁基酯苄基酯	Benzyl Butyl Phthalate	BBP
15	邻苯二甲酸二（2-丁氧基）乙酯	Bis（2-n-butoxyethyl）Phthalate	DBEP
16	邻苯二甲酸二环己酯	Dicyclohexyl Phthalate	DCHP
17	邻苯二甲酸二（2-乙基）己酯	Bis（2-ethylhexyl）Phthalate	DEHP
18	邻苯二甲酸二庚酯	Di-n-heptyl Phthalate	DHP
19	邻苯二甲酸二苯酯	Diphenyl Phthalate	DPhP
20	邻苯二甲酸二异辛酯	Diisooctyl Phthalate	DOP
21	邻苯二甲酸二正辛酯	Di-n-octyl Phthalate	DNOP
22	邻苯二甲酸二（2-丙基庚基）酯	Bis（2-propylheptyl）Phthalate	DPHP
23	邻苯二甲酸二异壬酯	Diisononyl Phthalate	DINP
24	邻苯二甲酸二异癸酯	Diisodecyl Phthalate	DIDP
25	邻苯二甲酸二壬酯	Dinonyl Phthalate	DNP

第二节 塑化剂的性质

塑化剂是 20 世纪 20 年代引入的合成有机化学品，是一种高分子聚合物，其中 PAEs 是最主要的一类塑化剂。

一、塑化剂的化学结构

PAEs 的化学结构是由刚性平面芳香烃与线性脂族侧链两部分组成；通常由一个苯环与两个脂肪链所构成（图 1-2），不同苯二甲酸酯具有不同的酯取代基结构（温莹莹，2023）。

第一章　塑化剂概述

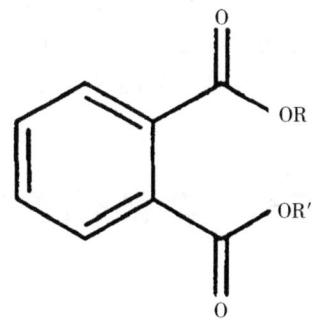

图 1-2　邻苯二甲酸酯的一般结构 R 和 R′是相同或不同的烷基或芳基
（温莹莹，2023）

二烷基、芳基侧链（酯的醇部分）的长度和分支决定了其物理性质及其应用领域。其中，短基邻苯二甲酸酯类化合物、邻苯二甲酸二甲酯与邻苯二甲酸二正丁酯，在水中可明显溶解（浓度 5 μg/mL）。但大多数其他二烷基邻苯二甲酸酯，由于其亲脂性结构，在水性介质中相对不溶，在水中的溶解度远远小于有机溶剂中的溶解度。PAEs 类化合物在标准温度和压力下的挥发性通常较差，尤其是长链和支链化合物。PAEs 熔点的范围窄但是沸点的范围较宽，在室温下通常是无色油性黏液。

二、塑化剂的性质

（一）物理性质

一般为无色透明的油状液体，难溶于水，易溶于有机溶剂（如乙醇、丙酮等）。这种溶解性使其能够很好地和塑料原料混合。多数塑化剂为无色、无味的液体。它们具有良好的流动性，在常温常压下状态稳定。并且具有较低的挥发性，这使得它们在塑料制品的使用过程中，不会轻易地挥发而损耗。

（二）化学性质

PAEs 具有良好的化学稳定性、低挥发性和柔韧性，常作为增塑剂用于塑料制品中。化学稳定性较高，使其在正常的环境条件下（如常温、常压、非强酸碱环境）能够保持化学结构的稳定，从而在塑料制品的使用寿命内持续发挥增塑作用。

不同类型的塑化剂有不同的化学活性，但总体上能够抵抗一定程度的氧化、水解等化学反应。有报道称在酒类、油品、乳制品、化妆品、玩具、各类食品中均有 PAEs 的检出，甚至在人体血液、尿液中也有所发现。这是由于塑化剂与塑料聚合物没有化学键连接，性质不稳定容易向外迁移，释放到食物、水、土壤和空气中，而人体则会通过消化道、呼吸道、皮肤接触等途径接触到 PAEs。

第三节　塑化剂的分类

一、塑化剂的分类

(一) 根据化学结构分类

1. 邻苯二甲酸酯类

邻苯二甲酸酯类塑化剂是最常见的塑化剂类型之一，广泛应用于聚氯乙烯（PVC）制品中。它们通过增加 PVC 分子间的距离，从而提高材料的柔韧性和可塑性。邻苯二甲酸酯类塑化剂的种类繁多，包括邻苯二甲酸二甲酯（DMP）、邻苯二甲酸二乙酯（DEP）、邻苯二甲酸二正丁酯（DBP）等。这些塑化剂的性能和安全性各有不同，因此在选择时需要考虑其具体应用和潜在的健康风险。例如，DBP 由于其良好的柔韧性和成本效益，在玩具和医疗设备中较为常用，但其在某些国家和地区因可能对人体健康造成影响而受到限制。

2. 脂肪族二元酸酯类

脂肪族二元酸酯类塑化剂是另一类重要的塑化剂，它们通常用于非 PVC 塑料制品中，如聚烯烃和聚氨酯。这类塑化剂通过与聚合物分子链相互作用，增加材料的柔韧性和加工性能。由于其良好的化学稳定性和低毒性，脂肪族二元酸酯类塑化剂在食品包装和医疗用品中得到了广泛应用。然而，它们在环境中的持久性和生物累积性也引起了人们的关注，因此在使用时需要严格控制其排放和管理。

3. 聚酯类

聚酯类塑化剂以其优异的耐热性和耐久性而闻名，在高温环境下使用的塑料制品中应用广泛。它们通常用于汽车部件、电子设备和建筑材料中，以提高产品的性能和寿命。聚酯类塑化剂的分子结构使其能够与聚合物形成稳定的化学键，从而在不牺牲材料性能的前提下，提供所需的柔韧性和加工便利性。然而，由于其合成过程可能涉及有害物质，因此在生产和使用过程中需要采取相应的安全措施。

聚酯类塑化剂在合成过程中可能产生的副产品和残留物，如邻苯二甲酸盐，这类物质不仅引起了环保领域的密切关注，同时也对人类健康安全提出了警示和挑战。因此，制造商和监管机构正在寻求更安全的替代品，以减少潜在的健康风险。此外，聚酯类塑化剂的回收和处理也成了研究的热点，以确保这些材料在生命周期结束时不会对环境造成不可逆的损害。随着技术的进步和环保意识的提高，未来聚酯类塑化剂的使用将更加注重可持续性和安全性。

4. 环氧类塑化剂

环氧类塑化剂以其独特的化学结构和性能，在某些特定应用领域中显示出其优势。它们通常由环氧树脂制成，具有良好的耐化学性和电绝缘性，这使得它们在电子封装和涂料工业中特别受欢迎。环氧类塑化剂能够提高材料的热稳定性和机械强度，同时保持良好的加工性能。然而，环氧类塑化剂的使用也面临着成本较高和固化时间较长的挑战。因此，研究人员正在开发新的配方和固化剂，以期降低生产成本并缩短固化时间，从而扩大其在工业中的应用范围。

5. 其他特殊塑化剂

其他特殊塑化剂，如聚氨酯类和聚酰胺类塑化剂，它们在特定的工业应用中也展现出独特的性能。聚氨酯类塑化剂因其优异的弹性和耐磨性，在制鞋和纺织品行业中得到广泛应用。而聚酰胺类塑化剂则因其良好的耐热性和抗拉强度，在汽车和航空航天领域中具有重要地位。尽管这些塑化剂在性能上各有优势，但它们的使用同样需要考虑成本效益比和环境影响，以确保其可持续性。研究人员正致力于开发更环保、成本更低的替代品，以满足日益增长的市场需求和环保法规的要求。

（二）根据功能分类

1. 常规塑化剂

常规塑化剂，如邻苯二甲酸酯类，是最广泛使用的塑化剂类型之一。它们能够有效地增加塑料的柔韧性，广泛应用于PVC制品中，如电线电缆、地板材料、玩具、医疗设备等。尽管它们的性能稳定，但随着人们环保意识的提高，开始关注其潜在的健康风险。因此，寻找更安全的替代品成为行业发展的必然趋势。研究人员正在探索生物基塑化剂和非邻苯二甲酸酯类塑化剂，以期减少对环境和人体健康的影响。

2. 高性能塑化剂

这类塑化剂在提高塑料性能方面表现出色，尤其在需要高稳定性和耐久性的应用中。它们通常用于制造高性能的塑料制品，如汽车部件、航空航天材料以及需要长期暴露在恶劣环境下的工业产品。由于其卓越的性能，高效能塑化剂往往成本较高，但它们在特定领域的应用是不可替代的。随着技术的进步，未来可能会出现成本更低、性能更优的高效能塑化剂，以满足更广泛的应用需求。

3. 环保塑化剂

环保塑化剂是近年来塑化剂行业发展的热点之一。它们被设计用来替代传统塑化剂，以减少环境污染和人体健康风险。这类塑化剂通常具有生物可降解性，能够在自然环境中较快分解，从而降低对生态系统的长期影响。此外，环保塑化剂在生产过程中往往采用更环保的原料和工艺，减少了对化石燃料的依赖和生产过程中的有害排放。尽管它们在性能上可能与传统塑化剂存在差距，但随着技术的不断进步，环保塑化剂的性能正在逐步提升，应用范围也在不断扩大。

4. 永久性塑化剂

永久性塑化剂通常用于需要长期保持柔软性和弹性的塑料制品中，如电线电缆的绝缘层、汽车内饰件、医疗器械以及儿童玩具等。这类塑化剂在加入塑料后，能够与聚合物分子形成稳定的化学键，因此不易迁移和挥发，确保了制品的持久性能。然而，长期使用永久性塑化剂同样引发了社会各界对环境和健康的广泛关注与担忧，因为它们可能在塑料制品的整个生命周期中持续释放，对环境和人体健康构成潜在风险。因此，研究和开发更安全、更环保的永久性塑化剂是当前行业的重要课题。

（三）根据来源分类

1. 天然塑化剂

天然塑化剂主要来源于植物油、动物脂肪以及其他天然可再生资源。它们通常具有良好的生物降解性，因此在环保型塑料制品中得到了越来越多的应用。由于其来源的可持续性，天然塑化剂在减少对化石资源依赖方面具有显著优势。此外，这类塑化剂在加工过程中对环境的影响较小，符合当前绿色化学的发展趋势。然而，天然塑化剂在性能上往往不如合成塑化剂稳定，这限制了它们在某些高性能塑料制品中的应用。因此，科研人员正致力于通过改性技术提高天然塑化剂的性能，以满足更广泛的应用需求。

2. 合成塑化剂

合成塑化剂是通过化学合成方法制备的，它们通常具有优异的性能和广泛的适用性。合成塑化剂的种类繁多，可以根据其化学结构和功能进一步细分。由于合成过程的可控性,这类塑化剂可以被设计来满足特定塑料制品的性能要求,如提高柔韧性、耐久性和加工性。然而,合成塑化剂的环境影响和健康风险也引起了人们的担忧,特别是某些塑化剂可能对人体内分泌系统产生干扰。因此,开发低毒、低排放的合成塑化剂是当前研究的热点。此外,随着技术的进步,合成塑化剂的生产正朝着更加环保和可持续的方向发展,以减少对环境和健康的负面影响。

第四节 塑化剂的用途

塑化剂,作为一种重要的化工原料,在塑料制品的生产和加工中扮演着不可或缺的角色。它们通过降低聚合物分子间的相互作用力,增加分子链的流动性,从而提高塑料的柔韧性、加工性和产品性能。在塑料薄膜、橡胶制品、PVC 制品、食品包装材料等多个领域,塑化剂的应用广泛而深远,它们不仅能够改善材料的物理性能,降低生产成本,还能增强产品的耐用性和环境适应性。塑化剂的加入使塑料制品更加多样化,满足了现代工业和日常生活对材料性能的多样化需求。然而,塑化剂的使用必须严格遵守安全标准和法规要求,以确保其在提升材料性能的同时,不会对人体健康和环境造成不良影响。本节从塑化剂的一些主要用途和应用领域进行讲解。

一、塑化剂在塑料制品的用途

（一）增加柔韧性

许多塑料制品,如 PVC 材质的管材、薄膜、电线电缆外皮等,本身质地较硬且脆。塑化剂分子能够插入聚合物分子链之间,起到润滑的作用,削弱聚合物分子间的相互作用力,从而使塑料制品变得更加柔软、有韧性,不易断裂。例如,在 PVC 塑料薄膜的生产中,添加合适的塑化剂可以让薄膜在使用过程中更好地弯曲和拉伸,适应不同的使用环境（毛娜,2013）。

（二）提高加工性

在塑料制品的加工过程中,比如注塑、挤出、吹塑等成型工艺中,塑化剂可以通过降低塑料的熔融温度、熔体黏度和成品的弹性模量来提高聚合物的流动性和热塑性,而不会改变增塑材料的基本化学特性,这使塑料在加工设备中更容易流动和成型,降低了加工难度,提高了生产效率（黄辉等,2005）。例如,在注塑成型一些复杂形状的塑料制品时,添加塑化剂后的塑料熔体能够更顺畅地填充模具型腔,得到质量更好的成品。

(三) 改善性能

塑化剂可以改善塑料制品的性能，如提高延伸率、曲柔性和柔韧性，同时降低强度、应变速率、软化温度和脆化温度。塑化剂通过降低塑料的玻璃化转变温度来提高柔韧性，增加延伸率以增强延展性，减少分子间作用力来降低硬度，降低熔体黏度以改善加工性，提升抗冲击性能，增加透明度，提高耐化学性和耐候性，降低成本，提高耐磨性和热稳定性，以及增强电绝缘性能和黏合性。这些改善使得塑料制品在工业和日常生活中的应用更加广泛和高效，同时确保塑化剂的使用符合安全和环保标准。

(四) 降低成本

塑化剂作为一种经济性原料，首先，能够替代成本较高的原料，从而减少原料成本。其次塑化剂通过降低塑料熔体的黏度，优化加工流程，提高生产效率，减少能耗和材料损耗。再次，塑化剂增强了塑料的可塑性和韧性，简化成型工艺，降低加工难度，进而减少加工成本。最后，新型塑化剂的使用在降低生产成本的同时，符合环保和节能的要求，实现了成本效益与环境效益的双重目标。

二、塑化剂在橡胶制品中的用途

橡胶增塑剂在橡胶制品的生产中通过改善橡胶的性能，满足了各种不同应用的需求。无论是提高耐磨性、抗老化性能，还是增加拉伸强度和改善加工性能，橡胶增塑剂为橡胶制品的多功能性和广泛应用提供了坚实的基础。在不同应用领域中，选择合适的增塑剂类型和性能特点至关重要，能够确保橡胶制品能够在各种环境中发挥最佳性能（金荣福等，2011）。

(一) 提高耐磨性

塑化剂通过多种机制提高橡胶制品的耐磨性，包括填充效应、增强效应、交联反应、改善加工性能、提高补强填料的效果、降低表面摩擦系数及使用附加填料等。这些作用共同提高了橡胶制品在实际应用中的耐磨性能和使用寿命。

(二) 增加拉伸强度

增塑剂可以提高橡胶的拉伸强度，这使得橡胶更能承受张力和拉伸。这对于制造需要耐高张力的产品，如橡胶带和橡胶管道，尤为重要。增加拉伸强度不仅延长了产品的寿命，还提高了安全性（汪多仁，2009）。

(三) 提高抗老化性能

橡胶制品在使用过程中会受到各种环境因素的影响，如紫外线、氧气和化学物质。橡胶增塑剂有助于减缓橡胶的老化过程，使其更耐候。这意味着产品可以在更广泛的环境条件下使用，而不会过早老化和破损。

（四）改善耐化学腐蚀性

一些工业应用需要橡胶制品能够抵抗化学腐蚀。橡胶增塑剂可以增强橡胶对化学物质的耐受性，使其更适用于接触腐蚀性物质的环境，如化学工业和实验室设备。

（五）增加抗滑性

抗滑性对于许多产品至关重要，尤其是对于安全和性能要求较高的应用。橡胶增塑剂可以改善橡胶表面的抓地力，使其在防滑和抗滑方面更出色。这在鞋底和车辆轮胎等应用中特别重要。

三、塑化剂在塑料薄膜中的用途

塑化剂在塑料薄膜中的应用广泛，它们通过改善塑料薄膜的物理性能和加工性能，提高产品的质量和经济性（丁伟丽等，2021）。

（一）增加透明度

塑化剂能够提高塑料薄膜的透明度，使其在包装材料等领域更具优势，其中提高聚丙烯（PP）透明度可以通过控制球晶尺寸、降低结晶度来实现。塑化剂通过控制球晶尺寸，减少光在球晶界面上的散射和折射，从而提高 PP 透明度（黄辉等，2005）。

（二）提高耐化学性

塑化剂可以提高塑料薄膜对化学物质的耐受性，使其在接触某些化学物质时不易发生降解。塑化剂分布在聚合物大分子链之间，能降低分子间作用力，使聚合物的黏度降低，柔韧性增强（金荣福等，2011）。这种结构上的改变有助于减少化学物质对塑料薄膜的侵蚀。此外，塑化剂可以提高塑料薄膜的耐环境应力龟裂性能，即在化学介质存在的情况下，减少塑料薄膜发生龟裂的风险。

（三）提高电绝缘性

塑化剂通过降低聚合物分子链间的极性相互作用、减少电荷陷阱、优化分子结构、控制微观结构、提高环境因素适应性以及使用特殊结构的塑化剂等机制，有效提高了塑料薄膜在电子和电气领域的电绝缘性能，这对于制造绝缘接插件、线圈框架、管座、绝缘套管等电子电器组件至关重要。

四、塑化剂在建筑材料中的用途

塑化剂在建筑材料领域中，通过改善混凝土和石膏等材料的工作性、加工性以及耐久性，显著提升了建筑施工的效率和建筑结构的安全性。在混凝土中，塑化剂能够增加混合物的工作性，减少含水比例，提高强度，减少蜂窝现象，从而提升混凝土的密实度和耐久性（杨篯立，2010）。此外，塑化剂还能延长混凝土的凝结时间，降低水化热，提高早期强度，以及增强电绝缘性能。在石膏材料中，塑化剂能够提高其加工性，减少干燥所需能量和时间。这些性能的提升，不仅优化了建筑材料的应用效果，还为建筑行业带来了经济效益和环境效益。

（一）提高混凝土的工作性

塑化剂在混凝土中的应用显著提高了混凝土的工作性，这主要表现在改善了混凝土混合物的流动性，使得混凝土更容易浇筑和成型；同时，它减少了混凝土中的含水比例，有效减少了泌水现象（水分从混凝土中分离出来），从而减少了蜂窝和空洞的形成，增强了混凝土的稳定性，防止在运输和浇筑过程中发生分离。此外，塑化剂通过优化混凝土的孔结构和减少孔隙，提高了混凝土的密实度，进而增加了其强度。减少水分蒸发和泌水还能提高混凝土的耐久性，减少裂缝和渗漏的风险（杨篯立，2010）。提高混凝土的工作性也加快了施工速度，减少了劳动力需求，提高了施工效率，使得混凝土更容易浇筑到复杂形状的模具中，满足现代建筑对设计多样性的需求（李韬等，2019）。在高温或干燥环境下施工时，塑化剂还能减少水分蒸发，保持混凝土混合物的工作性，对于提高建筑质量和施工效率具有重要意义。

（二）延长混凝土的凝结时间

塑化剂在混凝土工程中通过延长初凝和终凝时间，为施工人员提供了更大的灵活性和更长的时间窗口来完成浇筑和接缝工作，从而减轻了施工过程中的时间压力，并提高了施工的便利性。

（三）提高石膏干壁的加工性

塑化剂在石膏干壁材料中的应用显著提升了其在凝固前的加工性，这对于施工过程中的成型和操作至关重要。通过在石膏干壁中加入塑化剂，可以减少在制作过程中所需的水分，从而降低干燥石膏干壁所需的能量消耗，优化了石膏与水的混合比例，提高了生产效率（王泽渊等，2023）。塑化剂的加入还有助于在减少水分的同时保持材料的加工性，避免因水分过多而导致的加工难题。然而，也须注意塑化剂的用量控制，因为过量的塑化剂可能会导致石膏干壁出现絮凝现象，影响其强度和最终性能。因此，在提升石膏干壁加工性的同时，合理控制塑化剂的用量是确保产品质量和性能符合标准的关键措施。

五、塑化剂在医疗器材中的用途

塑化剂在医疗器材领域中广泛应用，它们不仅增强了材料的功能性，还拓展了医疗设备的应用范围。通过改善塑料的加工性和柔韧性，塑化剂使得医疗器材如导管、血袋、手套等更加易于制造和使用，同时提供了更好的患者舒适度。此外，特定的塑化剂如氧化镁，因其独特的物理和化学性质，在提高医疗器材的耐热性、电绝缘性以及抗菌性能方面发挥着重要作用。在药物输送系统、组织工程支架、成像对比剂以及环境友好型生物材料的开发中，塑化剂的应用更是不可或缺。以下将详细介绍塑化剂在医疗器材中的多样化用途，展现它们如何促进医疗技术的进步和患者护理质量的提升。

（一）在药物释放和输送中的用途

塑化剂在药物释放和输送系统中的应用至关重要，它们能够作为药物释放或输送的载体，通过精细调节孔隙大小和表面性质来控制药物的释放速率和量，这对于实现缓释或控释药物涂层的支架等医疗器材具有重要意义。塑化剂的使用可以提高药物的生物利用度，延长药物作用时间，减少给药频率，提高患者的依从性，并通过靶向药物释放减少对正常细胞的损害，提高治疗效果（崔原，2021）。同时，塑化剂还能保护药物活性，减少因环境因素导致的药物降解，减少副作用，改善患者的生活质量。总的来说，塑化剂的多功能性和灵活性使其在现代医疗领域中发挥着不可或缺的作用，为患者提供了更安全、更有效的治疗方案。

（二）塑化剂的抗菌性能

氧化镁作为一种特殊的塑化剂，在医疗器材中展现出优异的抗菌性能，其应用对于减少医院感染和提高医疗器材的安全性具有重要作用（王景春等，2016）。氧化镁的抗菌机理主要包括活性氧氧化损伤和吸附作用的机械损伤两种方式。活性氧氧化损伤是指氧化镁表面的氧空位可以催化水中的溶解氧发生单电子还原反应而产生超氧阴离子 O_2^-，这些活性氧物质具有强氧化性，能够破坏细菌细胞膜壁蛋白肽链，从而迅速杀死细菌（王泽渊等，2023）。

六、塑化剂在其他生活用品中的用途

（一）在化妆品中的用途

DEHP 等塑化剂是定香剂的选项之一，但并非所有的香水定香剂都选择 DEHP 类来添加，主要是部分廉价香水为降低成本而使用 DEHP 等塑化剂。而指甲油配制上，如果能够添加大约 5% 的可塑剂，使成膜性更佳，并起到一定的乳化增稠效果，看起来滑润有质感（陈玲，2012）。

（二）在食品包装材料中的用途

塑化剂在食品包装材料中的应用至关重要，它们通过减少聚合物分子间的次价键，增加分子链的移动性，降低结晶性，有效减少食品在包装过程中的污染风险。此外，塑化剂的添加提高了食品包装材料的耐用性和弹性，使包装能够更好地承受温度变化和物理冲击等使用条件。塑化剂还能改善塑料包装材料的表面特性，使其看起来更加光滑、柔软，从而提升食品包装的外观和触感。同时，塑化剂有助于防止包装材料在储存和运输过程中发生破裂和老化，延长食品的保质期（纪景发等，2017）。在食品安全方面，使用的塑化剂其迁移到食品中的数量受到严格控制，以确保食品安全。塑化剂在食品包装材料中的使用必须遵循 GB 9685—2016《食品安全国家标准 食品接触材料及制品用添加剂使用标准》和相关增补公告的要求，以保障公众健康和食品安全。

（三）在涂料与黏合剂中的用途

塑化剂在涂料与黏合剂中的用途主要体现在提高产品的柔韧性、可塑性和延展性，改善加工性能，增强耐寒性、耐热性和抗老化性能。具体来说，塑化剂通过降低聚合物分子间的相互作用力，使涂料和黏合剂在加工过程中更容易流动和成型，提高其施工性能。同时，塑化剂的加入还能增加材料的耐寒性，使其在低温环境下仍能保持良好的柔韧性和延展性。此外，塑化剂还能提高涂料和黏合剂的耐热性和抗老化性能，延长其使用寿命。常见的塑化剂包括邻苯二甲酸酯类、脂肪酸酯类、聚酯类等，它们通过与涂料和黏合剂中的树脂分子形成络合物，降低分子间的相互作用力，从而提高材料的整体性能。

（四）在纺织印染中的用途

塑化剂在纺织印染中的用途主要体现在改善加工性能、节约能源和原材料、赋予织物特殊性能以及改进染整工艺。它们能够提高产品的质量和生产效率，通过降低聚合物分子间的相互作用力，增加分子链的移动性，降低结晶性，从而提高织物的柔软度、防皱性、防水性、抗菌性、抗静电性和阻燃性等。此外，塑化剂作为匀染剂和固色剂，能够提高染色的均匀性和牢度，特别是在深色织物的染色过程中，塑化剂的使用可以显著改善染色效果，提升纺织品的整体性能和市场竞争力。

（五）在造纸和油墨中的用途

塑化剂在造纸和油墨行业中扮演着至关重要的角色，它们通过改善纸张和油墨的物理化学性质，不仅提升了产品的性能和质量，还对提高生产效率和降低成本起到了积极作用。在造纸过程中，塑化剂能够作为助剂改善纸张的形成和加工性能，增强纸张涂层的效果，并提高成品纸的柔韧性和耐用性。而在油墨制造中，塑化剂则用于提高油墨的流动性和附着力，确保印刷品具有更平滑和均匀的墨层，从而提升印刷质量。此外，塑化剂还有助于实现特殊印刷效果，增加产品的市场竞争力。

（六）在清洗剂中的用途

塑化剂在清洗剂中的应用显著提升了清洁效果和性能，它们通过降低分子间的相互作用力，增加分子链的移动性，从而提高清洗剂的润湿性、乳化作用及溶解油脂和污垢的能力。塑化剂的加入不仅增强了清洗剂去除污垢和油脂的效果，还改善了清洗剂的配方，使其作为增稠剂和稳定剂，提高了清洗剂的黏度和稳定性，适应各种清洗环境和条件。此外，塑化剂的使用扩大了清洗剂的适用范围，使其能够适用于塑料、金属和其他硬表面，增强了清洗剂的通用性。最重要的是，塑化剂提高了清洗效率，减少了清洗所需的时间和劳动力，尤其在工业和交通行业中，塑化剂的使用可以显著提升清洗工作的效率。

（七）在皮革中的用途

塑化剂可以通过化学和物理作用改善皮革的多种性能。在皮革的加工和应用过程中，塑化剂不仅能够显著提高皮革的柔软性和耐用性，还能有效防止皮革老化，保持其天然的手感和外观。此外，塑化剂在合成皮革的生产中也发挥着关键作用，它们赋予材料以更接近天然皮革的质感和性能。在环保和绿色化学的背景下，塑化剂还助力皮革行业向更可持续和环境友好的方向发展。

塑化剂作为一种多功能的化工助剂，在众多行业中发挥着不可替代的作用。它们通过提高材料的柔韧性、延展性和加工性，改善产品的性能和生产效率。在塑料制品中，塑化剂增加了柔韧性和耐用性；在建筑材料里，它们提高了混凝土的工作性并延长了凝结时间；在医疗器材领域，塑化剂提升了耐热性和电绝缘性能；在化妆品和个人护理产品中，它们作为定香剂和载体；在食品包装材料中，塑化剂确保了包装的安全性和耐用性；在纺织印染行业，它们赋予织物特殊功能；在造纸和油墨制造中，塑化剂改善了印刷质量和纸张加工性能；在清洗剂中，它们增强了清洁效果；而在皮革行业中，塑化剂则保持了皮革的柔软度，防止了老化。总体而言，塑化剂的应用广泛而深远，它们不仅改善了材料的性能，还为产品的创新和行业的可持续发展提供了支持。

参考文献

常仟永，陈洁，2023. 环保型增塑剂在 PVC 加工中应用研究进展 [J]. 当代化工研究（15）：56-58.

陈玲，2012. 天然精油中塑化剂含量检测方法建立 [C] //第九届中国香料香精学术研讨会论文集.

崔原，2021. DBP 与 DEHP 通过 NOD2/RIP2/NF-κB 途径对草鱼肝细胞凋亡和炎症因子分泌的影响 [D]. 哈尔滨：东北农业大学.

丁攀攀，徐家刚，张斌，等，2023. 环保芳烃油和增塑剂 DBP 对履带车辆着地胶块胶料性能的影响 [J]. 橡胶工业，70（5）：371-374.

丁伟丽，刘琪，刘秋云，等，2021. 中国地膜产品塑化剂特点及风险评价 [J]. 农业环境科学，40（5）：1008-1016.

苟中军，温霞，邹滢，等，2024. 火锅底料包装材料中邻苯二甲酸酯类塑化剂迁移的研究 [J]. 包装工程，45（9）：78-85.

贺诗意，张蕊，周明慧，等，2024. 植物油中邻苯二甲酸酯类塑化剂检测技术研究现状 [J/OL]. 中国油脂，1-12.

黄辉，王泽山，黄亨建，等，2005. 新型含能材料的研究进展 [J]. 火炸药学报（4）：9-13.

纪景发，杨英杰，王逸萍，等，2017. 环保可塑剂高值化产品的开发及应用 [J]. 石油季刊，53（4）：97-109.

金荣福，蔡琼英，夏玉洁，2011. LED 用导热塑料 [J]. 工程塑料应用，39（10）：3.

李韬，张宜文，2019. 塑化剂的应用及常见摄入途径 [J]. 食品安全导刊（18）：54-59.

吕晓静，2014. 食品和食品包装材料中邻苯二甲酸酯类塑化剂的检测与风险评估 [D]. 青岛：青岛大学.

毛娜, 2013. 增塑剂的发展及应用 [J]. 广州化工, 41 (16): 97-100.

汪多仁, 2009. 多元醇聚酯增塑剂的开发与应用 [J]. 广东橡胶 (7): 15-17.

王景春, 汪洋, 2016. 增塑剂在 PVC 医用制品中的研究进展 [J]. 中国医疗器械信息 (12): 124-126.

王泽渊, 王朝强, 潘彦灼, 等, 2023. 缓凝剂和减水剂对脱硫石膏基自流平砂浆基本性能影响的研究 [J]. 硫磷设计与粉体工程 (3): 10-11.

王梓雯, 张彤彤, 黄能坤, 等, 2023. 多功能植物油基增塑剂制备及增塑 PVC 研究进展 [J]. 精细化工, 40 (12): 2609-2621, 2751.

温莹莹, 2023. 邻苯二甲酸酯类塑化剂检测及生态和人群健康风险评估 [D]. 海南: 海南医学院.

杨兴兵, 黄顺, 王宁, 等, 2023. 环保型增塑剂对羧基型丙烯酸酯橡胶性能的影响 [J]. 橡胶工业, 70 (5): 365-370.

杨篯立, 2010. 聚羧酸系减水剂的研究现状与发展方向 [J]. 混凝土 (8): 123-127.

张依, 范金旭, 李秋雨, 等, 2022. 食品中邻苯二甲酸酯类塑化剂的毒性危害及检测方法的研究进展 [J]. 食品安全导刊 (26): 190-192.

赵晓卫, 2018. 从塑化剂事件引发的对我国食品安全性问题的思考 [J]. 食品安全导刊 (15): 14-15.

ALLEN D G, MYER K, 2017. Applied plastics engineering handbook (second edition) processing, materials, and applications [M]. Plastics Design Library: 533-553.

第二章
塑化剂的人体代谢及毒性

第一节 塑化剂的危害

塑化剂学名是"酞酸酯类增塑剂",作为生产量大、应用面广的人工合成有机化合物,塑化剂是一类重要的环境内分泌干扰物(EDCs),主要用作塑料的增塑剂和软化剂,也可用作农药载体,成为驱虫剂、化妆品、香味品、润滑剂和去泡剂的生产原料(吴爱英等,2023;张智力等,2024)。

研究表明,将塑化剂加入食品包装材料的聚合物中,塑化剂与塑料聚合物分子以范德华力或者氢键相互作用,依然保留各自独立的化学特性,没有形成共价键(刘仕途等,2024),因此,在包装食品的储存过程中,随时间推移与塑料降解,塑化剂会从食品包装材料中释放迁移出来进入食品中,导致食品污染,最终危害人体健康(刘鹏波,2018)。而塑化剂类物质被称为环境激素,又称内分泌干扰物,具有类雌激素的作用,激活或者抑制内分泌系统的功能,导致内分泌紊乱、生殖功能、消化系统及免疫系统的异常,威胁着人类,尤其是婴幼儿的健康生长(Miura等,2021)。同时,由于塑化剂具有亲油性、残留期久、难降解等特性,可通过食物链富集过程,最终在人体内以较高浓度存在,给人体带来严重危害(吴苡婷,2023)。

随着经济的发展和人们生活水平的提高,全球乳制品的消费越来越普遍。近几年,一些知名品牌婴幼儿乳粉和乳制品产品已被报道引起很多安全事故。塑化剂作为一类日常生活中普遍存在的物质,很多因素都有可能使乳制品受到其污染,比如环境的迁移、用塑料制品作为包装材料以及非法添加等。乳制品如果用塑料袋包装,塑料袋中的塑化剂产生"迁移污染",食品中的塑化剂含量就会成倍增长,尤其是热,塑化剂的沸点普遍较高,而且不易挥发,一般情况下不会和高聚物发生化学反应(Leon等,2018)。

在乳品的制作过程中,塑化剂的产生是不可避免的,而其主要的成分为邻苯二甲酸酯类,这类塑化剂通常也被归类为疑似环境激素,包含着相当大的生物毒性,如果人们摄入过多这类塑化剂,那么便容易出现内分泌失调的状况，严重时还容易导致恶性肿瘤。同时经相关医学毒理试验证明，DEHP、DBP、BBP过量摄入，可以导致男性内分泌紊乱、男性生殖能力受到破坏；也会促进女性性早熟（Khan等，2022）。长期大量地摄入塑化剂类化合物等物质，可能会导致肝癌，也会对处于内分泌、生殖系统发育期的婴幼儿带来很大的潜在危害，甚至有些塑化剂类物质还存在致癌性（图2-1）。

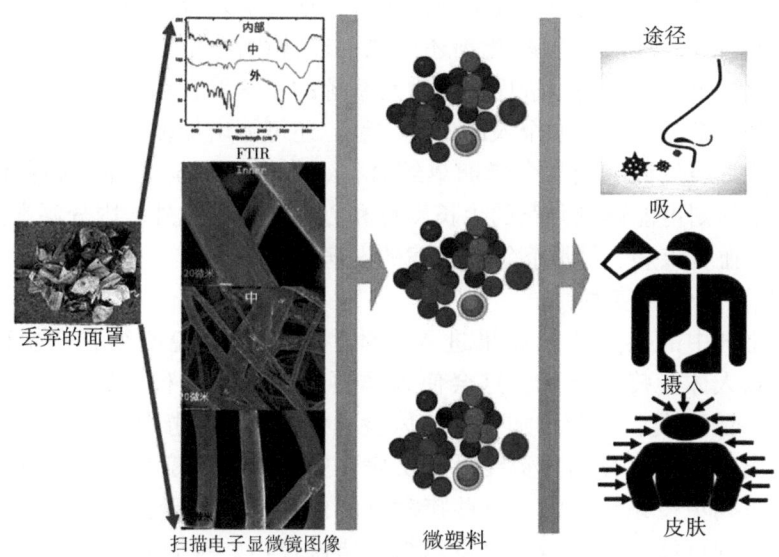

图 2-1 塑化剂的危害
（Saurabh 等，2022）

现阶段，邻苯二甲酸酯类已经成为国内主要的增塑剂，并且广泛应用到各类塑料产品制作过程中，但由于其并没有真正聚合到塑料的高分子碳链上，因而所具备的危害性并不大。乳品则与之相反，能够直接被人体摄入，且会在大量聚合的过程中形成各种危害。此外，塑料品在人们的日常生活中极为常见，如果长期使用，也会溶出邻苯二甲酸酯类物质，影响人们的健康状况（Sher 等，2019）。

塑化剂，特别是某些类型的塑化剂，如邻苯二甲酸酯类化合物，被科学研究认为可能对人类健康产生潜在危害，包括诱发癌症的风险。以下是关于塑化剂诱发癌症危害的详细分析。

（一）内分泌影响

塑化剂中的某些成分，尤其是常见的苯二甲酸酯类和氯化烃类等，具有类似于人体内分泌激素的活性，能够模拟或扩散天然激素的作用，从而干扰内分泌系统的平衡。这些物质进入人体后，可能会与激素受体结合，影响激素的正常信号传导和生理功能。具体表现为：

（1）月经失调：塑化剂对女性的内分泌系统影响尤为明显，可能导致月经周期紊乱、经量异常等月经失调症状。

（2）性早熟：儿童长期接触含有塑化剂的产品，如玩具、文具等，可能导致性早熟，表现为第二性征提前出现，如乳房发育、阴毛生长等。

（3）激素水平变化：塑化剂还可能引起体内激素水平的变化，如雄激素和雌激素水平的失衡，进而影响生殖系统的正常发育和功能。

内分泌紊乱不仅影响个人的生活质量，还可能增加多种疾病的风险。例如，女性月经失调可能与多囊卵巢综合征、子宫内膜异位症等妇科疾病有关，性早熟则可能影响儿童的生长发育和心理健康。此外，内分泌紊乱还可能增加心血管疾病、糖尿病等慢性病的发病风险。

（二）降低免疫力

塑化剂中的某些成分如果进入人体，可能会对免疫细胞产生破坏作用，导致人体免疫力下降。这会使人体更容易受到各种病原体（如细菌、病毒等）的侵袭，从而增加患病的风险。例如，长期接触塑化剂的人可能更容易出现过敏、哮喘等免疫系统疾病。塑化剂对免疫系统的破坏还可能诱发一系列免疫系统疾病。这些疾病可能包括但不限于：①自身免疫性疾病：塑化剂可能引发机体对自身组织的错误攻击，导致自身免疫性疾病的发生，如类风湿性关节炎、红斑狼疮等。②过敏反应：塑化剂可能诱发或加重过敏反应，使人体对某些物质产生过度反应，导致皮肤瘙痒、红肿、呼吸困难等症状。对于已经患有免疫系统疾病的人群，塑化剂还可能影响免疫功能的恢复。这可能会使疾病的治疗过程更加复杂和漫长，甚至导致疾病反复发作。

长期接触塑化剂还可能对免疫系统产生持续性的破坏作用。这种破坏可能不仅仅是暂时的免疫力下降，还可能包括免疫细胞结构的改变、免疫功能的永久损伤等。此外，塑化剂还可能通过影响内分泌系统、神经系统等其他系统而间接损害免疫系统。①神经行为发育异常：某些塑化剂中的成分可能对神经系统产生毒性作用，导致神经行为发育异常。这种发育异常可能表现为注意力不集中、学习能力下降、反应迟钝等。特别是对于儿童和青少年来说，由于他们的神经系统尚未发育完全，因此更容易受到塑化剂的影响。②神经系统症状：长期接触或摄入塑化剂还可能引起一系列神经系统症状，如头痛、头晕、失眠、健忘、记忆力下降等。这些症状可能会影响个人的日常生活和工作效率，给身心健康带来负面影响。③神经退行性疾病风险增加：有研究表明，塑化剂还可能对神经系统产生长期影响，增加神经退行性疾病的风险。神经退行性疾病是一类以神经元变性、坏死为主要病理改变的疾病，包括帕金森病、阿尔茨海默病等。虽然塑化剂与这些疾病之间的直接因果关系尚未完全明确，但已有研究表明塑化剂可能对神经元产生毒性作用，进而引发神经退行性疾病。

（三）损害生殖能力

试验表明，PAEs 在生殖发育的关键时期发挥着作用，会导致雄性激素信号紊乱，进而影响生殖细胞的结构和功能。袁建辉等（2018）研究了 DEHP、DBP 对未成年大鼠生殖发育的影响，发现摄入 DEHP、DBP 的大鼠睾丸萎缩，其重量也相对下降。PAEs 对雌性生殖作用的主要影响是卵巢功能和雌性激素的表达。刘国敏（2020）发现 PAEs 污染可使女性出现停止排卵、青春期提前和妊娠期变化等现象。

1. 男性

（1）影响精子质量：男性生殖系统不健康会直接影响精子的质量，包括数量减少和质量下降，进而影响生育能力。这可能是由于生殖系统感染、炎症、不良生活习惯（如长时间骑车、久坐、吸烟、酗酒）等多种因素导致的。生殖系统不健康还可能引发前列腺炎，使前列腺液中存在炎性分泌物，影响精液的液化时间，从而进一步影响生育能力。

（2）提高癌变概率：男性生殖系统不健康还可能导致睾丸组织异常增生，提高睾丸癌变的概率。这通常与不良生活习惯、环境污染等因素有关。

2. 女性

随着年龄的增长，女性的生育能力会逐渐下降。同时，生活方式、环境等因素也会影响卵子的质量，进而影响生育能力。例如，滴虫感染、经期性爱等不良习惯都可能导致不孕。

生殖系统不健康的女性容易感染各种细菌炎症，如阴道炎、宫颈炎等。这些炎症不仅会引起身体不适，还可能影响生育能力，甚至导致不孕不育。生殖健康问题还可能对女性的心理健康产生负面影响。例如，生殖系统的异味、疼痛等症状会让女性在心理上产生紧张情绪，严重时可能导致自卑、自闭等心理问题。

（四）塑化剂诱发癌症的机制

细胞染色体损伤：塑化剂可能作用于细胞的染色体，导致部分组织、细胞的生长异常。这种异常的细胞增殖是癌症发生的一个重要步骤。内分泌干扰：塑化剂作为一种外源性化学物质，能够干扰人体内分泌系统的正常功能。长期暴露于塑化剂环境中，可能导致内分泌系统紊乱，进而增加癌症的风险。基因毒性：某些塑化剂还具有基因毒性，能够引起基因突变或染色体异常，从而增加细胞癌变的可能性。

（五）对环境的污染

除了对人体健康的危害外，塑化剂还可能对环境造成污染。部分塑化剂不易被生物降解，进入环境后可能长期存在，对土壤和水体造成污染。这不仅会影响生态平衡，还可能通过食物链的传递对人类健康造成间接影响（图2-2）。

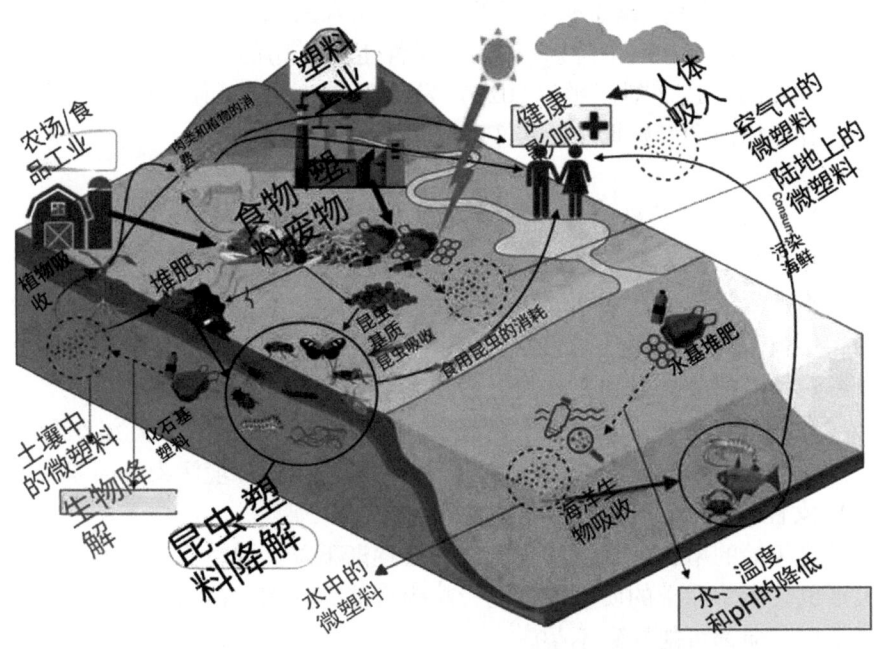

图2-2 塑料通过环境因子与生物的相互作用
（Siddiqui等，2024）

总之，塑化剂对免疫系统的损害是多方面的且具有潜在风险。因此，我们应该从日常生活中做起，尽量减少塑化剂的接触和摄入以保护自己的健康。

第二章　塑化剂的人体代谢及毒性

第二节　塑化剂的代谢

一、PAEs 污染及其在人体内的代谢途径

邻苯二甲酸酯影响人类健康的途径主要包括食品污染、化妆品污染、药品污染以及其他例如工业、农业生产造成的空气以及土壤污染等。如食品包装材料中的塑化剂迁移到食品中被摄入。食品受污染的一大主要因素就是食品包装对食品的污染。我国在 GB 9685—2016《食品安全国家标准　食品接触材料及制品用添加剂使用标准》中把 DBP 列为可用于食品包装的加工助剂之一。而 DBP 可以通过呼吸道、皮肤接触以及日常饮食进入到人体，不断累积。特别是由于邻苯二甲酸酯类塑化剂具有较好的脂溶性，当含有 DBP 的塑料包装与含油脂类食品相接触的时候，就很容易迁移进入含油脂食品中去。

另外还有皮肤接触含有塑化剂的产品（如塑料玩具、化妆品包装等），以及吸入含有塑化剂微粒的空气等途径。邻苯二甲酸酯作为溶剂和定香剂（风味稳定剂）而广泛应用于化妆品中。在很多常见化妆品，如香水、口红、指甲油、染发剂及洗涤用品中都有邻苯二甲酸酯的添加。而研究证实，邻苯二甲酸酯类物质可以通过皮肤接触进入人体，人类的毛发、皮肤通过使用化妆品可以直接吸收，长期的接触必将导致有毒物质的不断累积，从而给人体健康带来难以逆转的危害。药品虽然通常摄入量不大，但也存在着较大的塑化剂污染隐患。《中华人民共和国药典》（2025 版）第二部药用辅料中把 DMP、DBP 和 DEP 这 3 种邻苯二甲酸酯作为药用辅料，但其加入量并未明确规定。而目前的一些药用片剂、颗粒剂、微丸的薄膜包衣有时会添加邻苯二甲酸酯以达到药物的缓释效果。如此一来，邻苯二甲酸酯会随着药物一同进入人体的消化系统，被人体吸收。如果生产厂家对邻苯二甲酸酯的添加量较大，或是患者长期服用这类药物，则会导致邻苯二甲酸酯类物质在体内的累积，最终导致对人体的危害。在医疗方面，除了药品以外，一些医疗器械或用品如果使用了邻苯二甲酸酯类塑化剂，也会对人体造成危害。

在体内，肝脏是塑化剂主要的初始储存器官，它们主要经过肝微粒体酶的作用进行代谢。首先被水解为单酯，然后进一步氧化、结合反应生成单酯衍生物质，例如形成葡糖醛酸酯或硫酸酯结合物，通过尿液或粪便排出体外。游离和结合的代谢物都可以在尿液和粪便中排出。

不过，代谢和排出的速度因塑化剂的种类、摄入量以及个体的生理差异（如年龄、性别、肝功能等）而有所不同。PAEs可以通过多种途径被人体吸收。超过90%的邻苯二甲酸二正丁酯口服剂量（60mg/g~3.2g/kg）在两天内从尿液中排出，表明该化合物在肠道内完全或接近完全吸收。短链二烷基邻苯二甲酸酯如邻苯二甲酸二甲酯，可以不变的形式或在完全水解成邻苯二甲酸后排出体外。

二、PAEs的毒性

（一）对人体生殖系统的影响

PAEs作为一类环境激素，影响激素信号，对生殖器官的发育产生不可逆的影响。邻苯二甲酸酯中的雌激素的生物毒性和抗雄激素活性被归类为两种环境激素认为可引起内分泌混乱。塑化剂与人工激素的危害相似，会造成男性生殖系统紊乱与诱导女性早熟现象，也会造成正在发育的胚胎中脂质和锌代谢受到影响，使胚胎的生长周期延迟。

通常所说的"邻苯二甲酸酯综合征"（phthalate syndrome）就是指的被邻苯二甲酸酯类化合物（尤其是DBP、DEHP和BBP）染毒之后雄性啮齿类动物表现出生殖系统畸形，包括附睾发育不全、隐睾、尿道下裂、输精管、精囊、前列腺异常等疾病。近期又发现孕期大鼠暴露在含有较高浓度的邻苯二甲酸酯类物质环境中后，其雄性子代的生殖系统发育会受到一定程度的影响（Foster等，2006）。最新研究发现，不仅之前确认的DEHP及其代谢产物邻苯二甲酸单（2-乙基己）酯（MEHP）、DBP和BBP对生殖系统有致畸作用，邻苯二甲酸二异壬酯（DINP）、邻苯二甲酸二异癸酯（DIDP）和邻苯二甲酸正二己酯（DNHP）也有抗雄性激素作用（Lee等，2007）。

DBP主要通过PCNA信号通路促进卵巢癌细胞增殖。DBP引诱乳腺癌的机制可能是促进了乳腺癌细胞的增殖，并且PAEs可能会导致子宫内膜异位症和阴道肿瘤，美国罗切斯特大学的一项研究表明，人类胎儿接触PAEs可导致男婴生殖系统畸形，阴茎尺寸缩小，睾丸下降不完全等。在波多黎各地区，女童乳房发育早期疾病与PAEs的接触有一定的关系，并认为PAEs起到了雌激素效应和抵抗雄性激素的作用。有些实验证明了PAEs引起睾丸损伤包括锌浓度降低、睾酮水平改变、酶活性改变和曲细精管明显退化，导致睾丸萎缩。

邻苯二甲酸酯类塑化剂及其代谢产物不但可以通过胎盘将毒性传给胚胎

（Hokanson 等，2006），进而使基因携带毒性遗传给下一代，还可以通过母乳传递给幼儿（Xu 等，2007）。

（二）增加致癌致畸风险

研究表明，PAEs 可以促进动物体内过氧化物酶的增生，进而损伤动物肝脏组织，最终诱发肝癌（王小逸等，2007）。邻苯二甲酸酯类塑化剂对啮齿动物的致癌过程与过氧化物的酶增殖物激活的受体调节有关，但是人类对这个环境不敏感（Klaunig 等，2003）。

DEHP，一种广泛使用的最重要的邻苯二甲酸酯，是一种啮齿类动物肝脏致癌物。DEHP、DBP、BBzP 及邻苯二甲酸酯代谢物如邻苯二甲酸单丁酯（MBP）、苄酯（MBzP）和邻苯二甲酸单-2-乙基己酯（MEHP）对动物有致畸作用。

（三）免疫毒性和佐剂作用

DEHP 还具有免疫毒性和佐剂作用。DEHP 虽然不会使小鼠体内产生 DEHP 特异性抗体，但可以使受白蛋白致过敏反应的小鼠体内白蛋白特异性 IgG1 的生成数量成倍增长（Larsen 等，2007）。认为这是一种"佐剂效应"，这种效应会诱导被 DEHP 染毒的动物发生过敏性哮喘。DEHP 可以导致小鼠发生恶性肝细胞肿瘤。对小鼠进行 DEHP 慢性长期毒性试验，结果雄性小鼠的肝细胞癌发生率显著升高，并且有大约 1/3 的小鼠肝癌转移到了肺部，雄性小鼠肝细胞癌以及瘤样结节发生率明显提高。调查发现（Ortega-Zamora 等，2020），邻苯二甲酸酯暴露情况与成年男性肺功能衰退情况有着统计学联系，尿液中 MBP 含量与肺功能指标的降低存在显著性联系。

（四）其他方面的影响

PAEs 长时间在人体内积累会造成肝中毒、心脏中毒、肺中毒等。长时间的使用 PAEs 会出现多发性神经炎等症状，并对身体机能产生负面影响。邻苯二甲酸酯可引起体内脂质过氧化，使人体中的过氧化物增加，使抗氧化酶的活力降低，导致人的身体机能受到损伤。

脂肪组织是心血管健康的关键调节因子，PAEs 影响脂肪细胞分化和脂肪组织功能，进而会增加肥胖、2 型糖尿病以及心血管等基础性疾病。几项流行病学研究探索了 PAEs 暴露与肥胖之间的关系。利用美国国立卫生理论研究（1992—2002 年）的数据发现体重指数和腰围与 20~59 岁男性接触 6 种 PAEs 呈正相关；最强的关联出现在 MBZP、MEHHP、MEHHP、MEP 和 WC 之间的联系。Buckly 等（2016）报告称，母亲接触 PAEs 代谢物与 4~9 岁儿童的脂肪量之间没有关系。在报告分析结构中，产前暴露于 MCPP（一种高分子量邻苯二甲酸酯的非特异性代谢物）与儿童肥胖增加 2 倍有关，而暴露于 PAEs 特有的代谢物与儿童肥胖成反比。儿童期暴露于肥胖的影响更为明显，DBP 也与脂肪因子网膜素的血清水平呈负相关。Kluwe 等（1982）对型号为 Fischer344 大鼠与 B6C3F1 小鼠进行毒理学试验，从数据中观察到雌性大鼠和雄性小鼠肝细胞癌症的暴发概率显著升高，雌性大鼠的瘤样结节发生率也逐渐升高。PAEs 类似男性表现出肾功能下降、肾肿的增加以及肾小管色素沉着等毒性症状。

美国环境保护署已将 6 种 PAEs 的管理列入有毒污染物的首要控制任务目录，并且在工业活动中将这些化合物的生产列为禁止项目。瑞士政府也决定停止任何含有 PAEs 增塑剂的儿童玩具流入市场。中国将 DEP、DMP 和邻苯二甲酸二辛酯这三种化合物作为环境控制的重点，同时规定饮用水中 DEHP 和二溴苯酚的含量分别低于 0.008 mg/L 和 0.003 mg/L。DEHP 在我国台湾省和香港地区的甲莆二异氰酸酯（TDI）为 1.5 mg/kg。DBP 在美国是被禁止使用的，欧盟只允许非油类食品可以使用此类接触材料，迁移限量为 0.3 mg/kg。世界卫生组织和欧盟公布了一份对人类造成内分泌干扰危害的优先化合物清单，并将淡水和饮用水中的指导值设定为 8 g/L，将 DEHP 纳入水政策领域。

第三节 塑化剂的毒性

塑化剂，也被称为增塑剂或酞酸酯类化合物，是一类广泛用于增加塑料柔韧性的化学品。它们在工业上的应用非常广泛，包括食品包装材料、玩具、化妆品等。然而，塑化剂的毒性问题引起了公众的关注，因为它们对人体健康产生负面影响。根据研究，塑化剂的毒性主要体现在以下几个方面：

（1）遗传毒性：某些塑化剂如 DEHP［邻苯二甲酸二（2-乙基）己酯］和 MEHP（邻苯二甲酸单乙基己酯）能够损伤遗传物质，增加突变率，并诱发染色体畸变。

（2）胚胎发育毒性：DEHP 能够通过胎盘屏障影响胚胎发育，导致畸形。

（3）生殖毒性：塑化剂可以影响生殖系统，导致雄性和雌性动物的生殖能力下降。

（4）神经毒性：DEHP 暴露会对学习记忆产生损伤，甚至造成神经毒性。

(5) 免疫毒性：DEHP 能够增加机体对过敏原的应答能力，产生免疫毒性。

塑化剂普遍存在于环境中，包括空气、土壤和水中。尽管微量塑化剂对人体健康的影响不明显，但长期大剂量摄入塑化剂具有内分泌干扰作用和生殖毒性。目前，世界卫生组织对塑化剂 DEHP 规定的每日耐受摄入量为每千克体重 0.025 mg。本节对塑化剂的以上 5 种毒性展开论述。

一、塑化剂的遗传毒性

塑化剂的遗传毒性是指其对生物体遗传物质的损伤能力，这种损伤导致基因突变、染色体畸变等，进而影响后代。

（一）DEHP 的遗传毒性

DEHP 是一种广泛使用的增塑剂，它能够提高 PVC 塑料的柔韧性，其在某些塑料制品中的含量可达到总重量的 40%。作为一种无色、无味的液体，DEHP 并不与塑料成分形成共价键，而是通过氢键或范德华力与塑料结合，这使它易于从塑料中释放到环境中，普遍存在于空气、土壤和水源中，因此人类日常生活中不可避免地会接触到这种物质。

在哺乳动物的生殖过程中，卵母细胞的减数分裂是一个关键阶段，对外源性环境内分泌干扰物（EDCs）极为敏感。DEHP 作为一种 EDC，能够引发卵母细胞染色体损伤和减数分裂过程的紊乱，导致一系列生殖遗传疾病。研究表明，妊娠母体在胚胎发育的第 12.5 天（E12.5）和第 14.5 天（E14.5）暴露于 DEHP，会激活生殖细胞中与 DNA 修复相关的信号通路，增加 DNA 损伤标志物基因 *RAD51* 和 *γ-H2AX* 的表达，从而改变生殖细胞的正常发育轨迹。此外，DEHP 暴露还会影响前体颗粒细胞（PG）的增殖，并改变 PG 细胞与生殖细胞之间 BMP、WNT 和 IGF 信号通路的信号转导，进而影响生殖细胞的减数分裂进程。DEHP 暴露后，*BMP2*、*BMPR1a*、*IGF1*、*ITGA6*、*IRP6* 和 *WNT4* 等基因的表达水平上升。这些发现为 DEHP 的生殖毒性提供了潜在的治疗靶点，并为 DEHP 的预防和治疗提供了坚实的理论基础（于召龙，2020）。

（二）MEHP 的遗传毒性

邻苯二甲酸单酯（MEHP）能够引起 DNA 损伤，这种损伤导致基因突变和染色体畸变。MEHP 已被证实能够诱导细胞凋亡和增殖的变化，并通过高通量转录组测序技术揭示了其对小鼠支持细胞的毒性作用和分子机制。研究显示，MEHP 通过调控线粒体自噬途径产生毒效应，其诱导的线粒体超氧化物 ROS 大量增加、线粒体膜电位下降、线粒体分裂增加，导致线粒体在 MEHP 与低剂量 CCCP 联合作用下发生损伤。MEHP 诱导的线粒体自噬依赖于 PINK1-Parkin 信号通路，线粒体 ROS 在其中发挥关键作用。MEHP 能够诱导小鼠睾丸间质细胞自噬过程中 PTEN 的相关表达，其诱导的自噬与 PTEN 表达水平呈正相关趋势（任理顺，2023）。

二、塑化剂的胚胎发育毒性

（一）降低胚胎着床数

胚胎着床是妊娠中的关键步骤，它决定了妊娠是否成功。着床过程包括胚胎的定位、黏附和侵入。为了胚胎能成功着床，子宫内膜必须处于容受态。在这个时期，子宫内膜会经历一系列变化，如水肿和细胞透明化，这些变化有助于胚胎植入，子宫内膜的容受态受雌激素和孕激素及其受体（如 ERα 和 PR）的调控。这些激素受体影响下游分子的表达，包括黏附分子、HoxA10、MMPs 和 LIF 等，它们共同调控着胚胎着床（李娜等，2023）。DEHP 通过干扰这些激素受体的路径来影响内分泌系统，进而影响胚胎着床。研究发现，在妊娠早期给予孕鼠不同剂量的 DEHP 处理后，胚胎着床数显著降低（张依等，2022）。

（二）胚胎发育影响

在大鼠妊娠中晚期给予 DEHP 处理，可以观察到胚胎数量和活胎数的减少，同时胚胎重量和胎盘重量也有所降低，而畸胎数则相应增加。具体研究表明，在大鼠妊娠晚期（妊娠第 7 天~第 20 天）连续给予 25 mg/kg 和 50 mg/kg 剂量的 DEHP，与对照组相比，试验组的胚胎数量、活胎数、胚胎重量和胎盘重量均有所减少；特别是在 50 mg/kg DEHP 剂量下，吸收胎数和畸胎数相较于对照组有所增加。这些结果揭示了 DEHP 对大鼠胚胎发育的潜在负面影响，包括胚胎生长抑制和畸变风险的增加（张依等，2022）。

（三）胚胎生长迟缓

DEHP 还诱发胚胎生长迟缓，影响心脏、神经系统等的发育，导致畸形。研究发现，小鼠孕期 DEHP 暴露可降低 F_1 代胎鼠出生体重，且没有性别依赖性，因此推测孕期 DEHP 暴露通过影响胎盘功能导致胎鼠发育受限。另外，DEHP 母体暴露扰乱胎盘 MAPK 信号，影响胎盘细胞的增殖和凋亡。因此，DEHP 母体暴露可抑制胎盘细胞增殖，促进胎盘细胞凋亡，阻碍小鼠胎盘发育，破坏胎盘血管生成，从而影响胎鼠发育（王杰等，2024）。

(四) 跨代影响

研究表明，母体在孕期和哺乳期暴露于 DEHP 可对其雌性后代的多代生殖发育产生影响（郭立雄，2024）。具体来说，F_0 代母体在孕期和哺乳期接触 DEHP 会导致 F_1 代成年雌性子鼠的原始卵泡储备减少，腔前卵泡数量增加，有腔卵泡数量减少，卵泡闭锁发生率提高，卵泡数量总体下降。这种影响在 F_2 和 F_3 代成年雌性子鼠中也有所体现。此外，DEHP 暴露还增加了多代雌性小鼠 1 岁时卵巢囊肿的发生率，并影响了促性腺激素水平（陈莉，2024）。

通过卵母细胞体外胚胎发育试验发现，F_0 代母体暴露于 DEHP 会降低卵母细胞的质量并抑制其胚胎发育能力（王小红等，2022）。子代卵巢中促性腺激素水平受到影响，F_1 代中与促性腺激素应答和甾类生成相关的基因 *Fsh-R*、*Lh-R*、*Cyp19a1* 和 *Pgr* 的 mRNA 表达水平显著降低，但在后续代中没有观察到这种变化（图 2-3）。这表明母体 DEHP 暴露对子代脑垂体—性腺轴有直接影响。在 F_1 至 F_3 代中，与卵泡生成相关的基因 *Gdf9*、与卵泡和卵母细胞发育相关的基因 *Cdx2* 和 *Eomes*，以及与胚胎植入相关的基因 *Lif-R* 的 mRNA 表达增加，暗示 DEHP 的 F_0 代暴露导致卵泡和卵母细胞发育相关基因及胚胎植入基因调控异常（汤轶伟等，2013）。

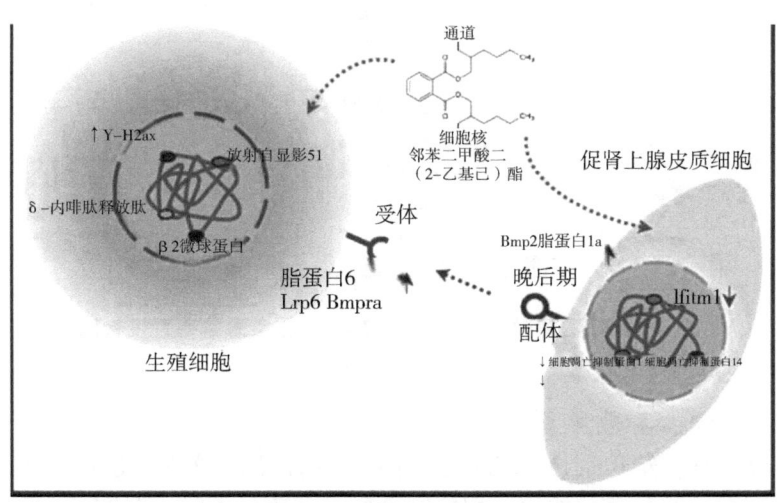

图 2-3 母体 DEHP 暴露损害雌性生殖细胞早期减数分裂的示意图
（Tian 等，2022）

DEHP 母体暴露显著降低了雌性和雄性子代原始生殖细胞中 Igf2r 和 Peg3 差异甲基化区域的甲基化 CpG 位点百分比，且在 F_2 代中卵母细胞中 Igf2r 和 Peg3 的 DNA 甲基化减少也很明显。这表明 DEHP 对卵母细胞发育的影响是可遗传的。因此，DEHP 母体暴露对子代生殖发育的影响可以通过雌性子代发生跨代效应。

三、塑化剂的生殖毒性

（一）塑化剂对男性生殖系统的毒性

1. 内分泌干扰

邻苯二甲酸酯类化合物通过干扰下丘脑—垂体—性腺轴这一重要内分泌途径产生生殖毒性，对男性（雄性）生殖系统发育、生殖和激素分泌产生不利影响。邻苯二甲酸酯的暴露会导致胎儿生殖器官发育异常，干扰男性（雄性）生殖系统发育，影响精子成熟和活力，对男性（雄性）生殖系统产生损伤，影响生育力（图 2-4）。

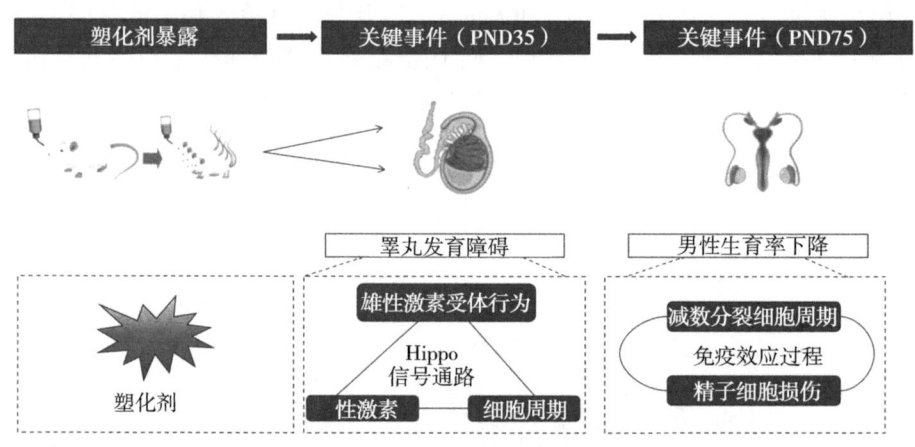

图 2-4 聚苯乙烯微塑料（PS-MPs）的暴露影响睾丸发育障碍

（Zhao 等，2023）

2. 精子质量和数量下降

研究发现，塑化剂进入男性体内会抑制睾固酮分泌，造成睾丸功能低下，影响精子的成熟和活力，导致精子数量和质量下降（高海涛，2024）。

3. 影响生育功能

塑化剂引起男性性功能发育障碍，影响生育功能，甚至导致不育。研究表明，塑化剂对精子产生负面影响，导致精子数量和质量下降，影响男性的生育能力。

4. 睾丸发育障碍

聚苯乙烯微塑料（PS-MPs）的暴露导致睾丸发育障碍和精子发生功能障碍，且这种毒性与 Hippo 信号通路以及免疫反应有关（陈伟等，2018）。

（二）塑化剂对女性生殖系统的毒性

1. 卵巢功能影响

研究结果表明，微塑料尤其是聚苯乙烯微塑料（PS-MPs）在大鼠卵巢和颗粒细胞中的积累对生殖健康具有负面影响（赵云利等，2024）。具体而言，PS-MPs 能够减少卵泡的生长，并降低抗穆勒激素（AMH）和雌二醇水平，这些变化导致激素周期不规则和卵泡形成异常。此外，PS-MPs 通过激活 Wnt/β-连环蛋白信号通路和增加氧化应激，诱导颗粒细胞凋亡，从而引起卵巢纤维化，进而降低大鼠卵巢的正常储备能力。这些发现揭示了微塑料对大鼠生殖系统的潜在危害，强调了对微塑料环境污染及其对人类健康影响的进一步研究的必要性。

2. 内分泌干扰

微塑料中的某些成分可以干扰雌激素的正常功能，雌激素在女性的生殖健康中起着重要作用，包括调节月经周期、协调孕激素水平以及维持骨骼健康等。微塑料中的化学物质模拟雌激素的功能，导致内分泌系统受到干扰，影响女性的生殖健康，并增加患乳腺癌、子宫内膜异位症等疾病的风险。

3. 子宫微塑料暴露

拉曼显微光谱和傅里叶红外光谱两种检测方法对不孕女性在诊治中剩余的子宫内膜组织进行检查和分析，发现患者子宫内膜受到了多种微塑料的污染，主要包括聚酰胺（PA）、聚氨酯（PU）、聚对苯二甲酸乙二醇酯（PET）、聚丙烯（PP）、聚苯乙烯（PS）和聚乙烯（PE）。通过对子宫腔内微塑料的特征进行深入分析，尤其是对颗粒尺寸的细致研究，研究团队发现了子宫腔内 2~200 μm 的微塑料。微塑料颗粒的直径越小，其进入血液循环并侵入内脏器官的可能性越大，从而对人体造成损害（图 2-5）。该研究通过对小鼠实施静脉注射和胃内暴露的微塑料暴露试验，进一步通过胚胎移植试验验证，首次系统地揭示了不孕女性子宫内膜中微塑料的污染特征及其对生殖健康的潜在影响。研究结果强调了微塑料污染对人类生殖健康的潜在威胁，为未来进一步研究微塑料的健康风险提供了重要依据（刘常青等，2016）。

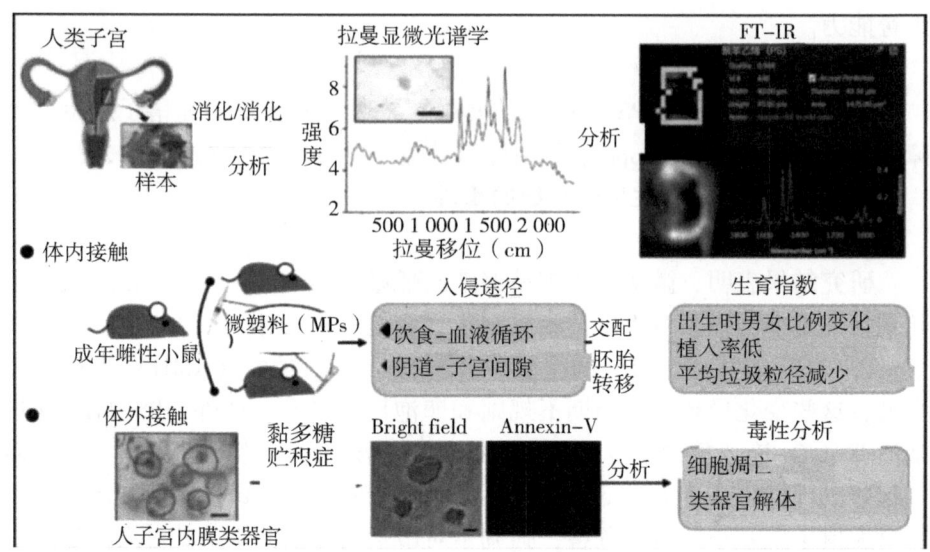

图 2-5 子宫微塑料暴露

（刘常青，2016）

四、塑化剂的神经毒性

DEHP 可以通过多种途径进入脑组织并作用于中枢神经系统，导致各种损伤。研究表明，DEHP 的神经毒性作用包括氧化损伤、细胞凋亡和信号传导障碍（图 2-6）。此外，DEHP 暴露与神经发育异常和神经系统疾病有关，

图 2-6 DEHP 的神经毒性机制

（武杰等，2013）

特别是在关键发育期接触 DEHP 会增加神经行为异常、抑郁症和孤独症谱系障碍的风险（武杰等，2013）。

（一）性别特异性影响

DEHP 暴露对男性和女性儿童的神经发育和行为产生不同的影响。例如，一些研究发现，DEHP 暴露与儿童的注意力缺陷障碍（ADD）和学习障碍（LD）有关，且在女孩中这种相关性更强。DEHP 暴露对雄性和雌性小鼠的社会行为、焦虑行为和认知功能的影响存在差异（武杰等，2013）。

（二）对神经发育的影响

DEHP 对斑马鱼胚胎的神经发育和人神经细胞具有神经毒性，DEHP 能够减少神经细胞的分裂，这会影响神经系统的正常发育。神经细胞的增殖是神经系统发育的关键过程，DEHP 的这种影响导致神经元数量减少，从而影响大脑结构和功能。DEHP 不仅影响神经细胞的分裂，还抑制神经系统的整体发育。这种抑制作用会导致发育中的神经系统出现结构和功能异常，还会诱发 DNA 双链断裂，对人的神经干细胞中的 DNA 造成损伤。

（三）联合暴露的影响

微塑料和 DEHP 的联合暴露会诱发未成熟小鼠神经退行性疾病的早期线索和分子机制，包括诱导神经认知和记忆缺陷、海马 CA3 区损伤、氧化应激增加以及大脑中 AChE 活性降低。神经毒性的严重程度随着 PP-MP 浓度的增加而增加，PP-MP 和 DEHP 的联合暴露表现出累积或协同效应（Cui 等，2024）。转录组分析表明，PP-MP 和/或 DEHP 暴露改变了参与应激反应和内质网蛋白质加工的基因簇的表达谱。定量分析进一步表明，PP-MP 和/或 DEHP 暴露抑制了热休克转录因子介导的热休克反应活性，同时长期激活未折叠蛋白反应，从而通过神经元凋亡和神经炎症诱导未成熟小鼠的神经毒性。

五、塑化剂的免疫毒性

（一）吞噬能力抑制

DEHP 暴露能够明显抑制腹腔巨噬细胞对红细胞的吞噬能力。巨噬细胞是免疫系统中的关键细胞，负责吞噬和消化入侵的病原体、死亡细胞和其他有害物质。DEHP 的这种抑制作用会削弱巨噬细胞的清除能力，从而影响机体的先天免疫反应。

（二）免疫功能损害

DEHP 对巨噬细胞的抑制进一步证实了其对免疫功能的损害。巨噬细胞不仅参与吞噬作用，还涉及抗原呈递、炎症反应和免疫调节等多个方面。DEHP 的暴露会干扰这些关键的免疫过程，导致免疫应答异常。

（三）炎症反应

巨噬细胞在炎症反应中发挥重要作用。DEHP 通过影响巨噬细胞的活化状态和炎症因子的分泌，进而影响炎症过程。这会导致慢性炎症或炎症反应的失调。

（四）免疫监视

巨噬细胞还参与免疫监视，监测和清除体内的异常细胞，包括肿瘤细胞。DEHP 对巨噬细胞功能的抑制会影响免疫监视，增加肿瘤发生和发展的风险。

（五）免疫耐受和调节

巨噬细胞在免疫耐受和调节中也起着重要作用。DEHP 的暴露会影响巨噬细胞对免疫耐受的维持，导致自身免疫性疾病或过敏反应。

参考文献

陈莉，2019. 食用植物油中邻苯二甲酸酯类塑化剂（PAEs）的脱除研究［D］. 郑州：河南工业大学.

陈伟，马满英，周鹏，等，2018. 塑料瓶装食醋中塑化剂的检测及其毒性分析［J］. 绿色科技（8）：3.

高海涛，2024. 锌对塑化剂暴露致雄性生殖毒性保护作用的机制研究［C］//中国营养学会特殊营养第十一次学术会议.

郭立雄，2023. DEHP 对沿海沉积物微生物中细菌种群结构以及毒性基因表达多样性研究［D］. 南昌：南昌大学.

李娜，周丽婷，朱健，等，2019. 塑化剂邻苯二甲酸二（2-乙基己）酯对雌性大鼠子宫组织的毒性作用［J］. 吉林大学学报：医学版，45（3）：6.

刘常青，谢慕，赵剑，等，2016. 叶绿素荧光动力学检测塑化剂对尖细栅藻的毒性效应［J］. 水生生物学报，40（3）：5.

刘国敏，2020. 我国邻苯二甲酸酯环境污染现状及对女性（雌性）生殖健康的危害［J］. 职业卫生与应急救援（3）：320-324.

刘鹏波，2018. 消费品中邻苯二甲酸类增塑剂的危害及应对［J］. 中国质量技术监督，354（5）：78-80.

刘仕途，曾铭，陈湘颖，等，2024. 气相色谱-质谱法测定食品接触材料及制品中 4 种柠檬酸酯类化合物的迁移量［J］. 分析试验室，43（4）：463-468.

汤轶伟，魏立巧，李译，等，2013. 食品中塑化剂残留检测技术最新研究进展［J］. 食品工业科技，34（22）：348-354.

王杰，黄佩硕，谢艳姣，等，2024. 食品接触材料中非邻苯类塑化剂迁移及潜在危害的研究进展［J］. 食品安全导刊（21）：127-132.

王小红，方瑾，张倩男，等，2022. 基于斑马鱼幼鱼的塑化剂肝毒性危害识别研究［J］. 中国食品卫生杂志，34（5）：916-923.

王小逸，林兴桃，客慧明，等，2007. 邻苯二甲酸酯类环境污染物健康危害研究新进展［J］. 环境与健康杂志，24（9）：736-738.

吴爱英，相丽新，吕峰，等，2023. 塑化剂在食品中的残留风险分析及对策探讨［J］. 中国标准化（8）：182-184.

吴苡婷，2023-06-09. 塑化剂对人体健康的危害目前无法治疗［N］. 上海科技报.

武杰，吴希庆，2019. 邻苯酸二甲酯（塑化剂）对大鼠肾脏及生殖系统的影响［J］. 中华腔镜泌尿外科杂志：电子版，13（2）：3.

武杰，吴希庆，萨音白刚，2013. 邻苯二甲酸酯类塑化剂毒性研究进展［J］. 包头医学院学报，29（5）：3.

于召龙，柳超，田纪伟，2020. 邻苯二甲酸二丁酯生殖及发育毒性的研究进展［J］. 职业与健康，36（18）：4.

张依，范金旭，李秋雨，等，2022. 食品中邻苯二甲酸酯类塑化剂的毒性危害及检测方法的研究进展［J］. 食品安全导刊（26）：190-192.

张智力，杨晓煜，亓琛，等，2024. 基于食品用纸吸管新风险项目的分析研究［J］. 造纸科学与技术，43（1）：56-60.

赵云利，吴华彰，金玲，等，2024. 一种基于秀丽线虫检测塑化剂多世代蓄积毒性的方法：CN201811391603.3［P］. CN109342709A.

BUCKLEY J P, ENGEL S M, BRAUN J M, et al., 2016. Prenatal phthalate exposures and body mass index among 4 - to 7 - year - old children: a pooled analysis. Epidemiology, 27（3）：449-458.

CUI K L, LI L D, LI K, et al., 2024. AOP - based framework for predicting the joint action mode of di - (2-ethylhexyl) phthalate and bisphenol A co - exposure on autism spectrum disorder［J］. Neuro Toxicology, 104（1）：75-84.

FOSTER P M, GRAY E, LEFFERS H, et al., 2006. Disruption of reproductive development in male rat offspring following in utero exposure to phthalate esters [J]. Int J Androl, 29: 140-147.

HOKANSON R, HANNEMAN W, HENNESSEY M, 2006. DEHP, bis (2) -ethylhexyl phthalate, alters gene expression in human cells: possible correlation with initiation of fetal developmental abnormalities [J]. Human & Experimental Toxicology, 25 (12): 687-695.

KHAN N G, ESWARAN S, ADIGAD, et al., 2022. In-tegrated bioinformatic analysis to understand the association between phthalate exposure and breast cancer progression [J]. Toxicology and Applied Pharmacology, 457: 116296.

KLAUNIG J E, BABICH M A, BAETCKEK K P, et al., 2003. PPARα agonist induced rodent tumors: Modes of action and human relevance [J]. Critical Reviews in Toxicology, 33: 655-780.

KLUWE W M, 1982. Overview of phthalate ester pharmacokinetics in mammalian species [J]. Environmental Health Perspectives, 45 (11): 3-9.

LARSEN S T, HANSEN J S, HANSEN E K, et al., 2007. Airway inflammation and adjuvant effect after repeated airborne exposures to di- (2-ethylhexyl) phthalate and ovalbumin in BALB/c mice [J]. Toxicology, 235: 119-129.

LEE B M, KOO H J, 2007. Hershberger assay for antiandrogenic effects of phthalates [J]. J Toxicol Environ Health, 70: 1365-1370.

LEON V M, GARCIA I, GONZALEZ E, et al., 2018. Potential transfer of organic pollutants from littoral plastics debris to the marine environment [J]. Environ pollut, 236: 442-453.

MIURA R, IKEDA-ARAKI A, ISHIHARA T, et al., 2021. Effect of prenatal exposure to phthalates on epigenome-wide DNA methylations in cord blood and implications for fetal growth: the hokkaido study on environment and children's health [J]. Sci Total Environ, 783: 147035.

ORTEGA-ZAMORA C, GONZALEZ-SALAMO J, VARELA-MARTINEZ D A, et al., 2020. Extraction of phthalic acid esters and di (2-ethylhexyl) adipate from tap and waste water samples using chromabond® HLB as sorbent prior to gas chromatography-mass spectrometry analysis

[J]. Separations, 7 (2): 1-11.

SAURABH S, RAMSHA K, ABHISHEK S, et al., 2022. Microplastics from face masks: A potential hazard post Covid-19 pandemic [J]. Chemosphere, 302134805-134805.

SHER S, STEVE S L, 2019. Phthalates: Toxicogenomics and inferred human diseases [J]. Genomics, 97 (3): 148-157.

SIDDIQUI A S, MANAP A S A, KOLOBE D S, et al., 2024. Insects for plastic biodegradation-A review [J]. Process Safety and Environmental Protection, 186: 833-849.

TIAN Y, ZHANG Y, DONG P Y, et al., 2022. Single-cell transcriptomic profiling to evaluate the effects of di- (2-ethylhexyl) phthalate exposure on early meiosis of female mouse germ cells. [J]. Chemosphere, 307 (P1): 135698-135698.

XU Y, AGRAWAL S, COOK T J, et al., 2007. Di- (2-ethylhexyl) -phthalate affects lipid profiling in fetal rat brain upon matenal exposure [J]. Archives of Toxicology, 81 (1): 57-62.

ZHAO T X, SHEN L J, YE X, et al., 2023. Prenatal and postnatal exposure to polystyrene microplastics induces testis developmental disorder and affects male fertility in mice [J]. Journal of Hazardous Materials, 445: 130544.

第三章
塑化剂相关法规标准及限量要求

邻苯二甲酸酯类化合物是最为常用的一类塑化剂，广泛应用于各种塑料产品中。然而，PAEs 被严格禁止在食品和食品添加剂中人为添加。尽管如此，塑化剂仍有可能从与食品接触的材料中迁移到食品中（徐仲杰，2023）。

为了保障人们的生命安全，越来越多的国家和团体开始高度关注塑化剂的安全使用问题，并纷纷出台了限制邻苯类增塑剂的法规和标准。旨在减少人们日常接触和摄入塑化剂的风险。

第一节 国内外相关法规标准及限量要求比较

一、中国塑化剂相关法规标准及限量要求

自 2011 年中国台湾发生"起云剂"事件后，接着国内数个品牌方便面的酱料中检出邻苯二甲酸二正丁酯（DBP）、邻苯二甲酸二（2-乙基）己酯（DEHP）含量超标（徐仲杰，2023）。塑化剂风波酿成重大食品安全危机。为打击在食品及食品添加剂生产中违法添加非食用物质的行为，保障消费者身体健康，中国出台了一系列的法规、标准限制塑化剂的使用。

（一）《食品中可能违法添加的非食用物质和易滥用的食品添加剂名单（第六批）》（卫生部公告 2011 年第 16 号）

公告将邻苯二甲酸二（2-乙基）己酯（DEHP）、邻苯二甲酸二异壬酯（DINP）、邻苯二甲酸二苯酯、邻苯二甲酸二甲酯（DMP）、邻苯二甲酸二乙酯（DEP）、邻苯二甲酸二正丁酯（DBP）、邻苯二甲酸二戊酯（DPP）、邻苯二甲酸二己酯（DHXP）、邻苯二甲酸二壬酯（DNP）、邻苯二甲酸二异丁酯（DIBP）、邻苯二甲酸二环己酯（DCHP）、邻苯二甲酸二正辛酯（DNOP）、邻苯二甲酸丁基苄基酯（BBP）、邻苯二甲酸二（2-甲氧基）乙酯（DMEP）、邻苯二甲酸二（2-乙氧基）乙酯（DEEP）、邻苯二甲酸二

(2-丁氧基)乙酯(DBEP)、邻苯二甲酸二(4-甲基-2-戊基)酯(BMPP)等17种邻苯二甲酸酯类物质列入"可能违法添加的非食用物质和易滥用的食品添加剂"黑名单中。

(二)《卫生部办公厅关于通报食品及食品添加剂中邻苯二甲酸酯类物质最大残留量的函》(卫办监督函〔2011〕551号)

明确规定邻苯二甲酸酯类物质不是食品原料或食品添加剂,严禁在食品、食品添加剂中人为添加。同时设定了食品、食品添加剂中DEHP、DINP和DBP的最大残留量分别为1.5 mg/kg、9.0 mg/kg和0.3 mg/kg。相关内容见表3-1。

表3-1　食品及食品添加剂中邻苯二甲酸酯类最大残留量

中文名称	英文简称	CAS号	最大残留限量/(mg/kg)
邻苯二甲酸二(2-乙基)己酯	DEHP	117-81-7	1.5
邻苯二甲酸二异壬酯	DINP	28553-12-0	9.0
邻苯二甲酸二正丁酯	DBP	84-74-2	0.3

(三)《卫生部办公厅关于通报食品用香精香料适用邻苯二甲酸酯类物质最大残留量有关问题的函》(卫办监督函〔2011〕773号)

针对食用香精香料适用邻苯二甲酸酯类物质最大残留量有关问题做出了进一步解释及规定:"由于环境污染、包装材料迁移以及香精香料加工浓缩富集工艺等原因,食用香精香料中邻苯二甲酸酯类物质可能超过规定的最大残留量。相关行业和企业应当采取有效措施,改进生产工艺,更新生产设备,尽可能降低食品用香精香料中邻苯二甲酸酯类物质残留量。对监督抽查食品用香精香料发现邻苯二甲酸酯类物质超过规定最大残留量的,应当进一步追查邻苯二甲酸酯类来源,属于人为添加的,应当依法予以查处。如系环境污染、包装材料迁移以及香精香料加工浓缩富集工艺等带入的,应当检测其邻苯二甲酸酯物质总含量(以卫生部公布的《食品中可能违法添加的非食用物质和易滥用的食品添加剂名单(第六批)》共17类邻苯二甲酸酯类物质计算)。食用香精香料中邻苯二甲酸酯类物质总含量不超过60 mg/kg"。

(四)《食品安全国家标准　食品接触材料及制品用添加剂使用标准》(GB 9685—2016)

规定了五种食品容器、包装材料中可使用DMP、DEHP、DIBP、DBP、DINP、DAP、DIOP七种邻苯二甲酸酯类塑化剂。明确指出这些塑化剂仅用于接触非脂肪性食品的材料，不得用于接触婴幼儿食品用的材料。并对其中 DEHP、DBP、DINP、DAP 四种给出了特定迁移量或最大残留量，特定迁移量指添加剂从食品容器、包装材料终产品中迁移到与其接触的食品或食品模拟物中的最大限量。相关内容见表 3-2。

表 3-2 GB 9685—2016 中与增塑剂相关规定

名称	在塑料中的允许最大用量/%	SML/QM/（mg/kg）
邻苯二甲酸二（2-乙基）己酯（DEHP）	PVC：5	1.5
邻苯二甲酸二甲酯（DMP）	PP、PE、PS：3.0	—
邻苯二甲酸二异丁酯（DIBP）	PVC：10	—
邻苯二甲酸二异壬酯（DINP）	PVC：43	—
邻苯二甲酸二异辛酯（DIOP）	瓶垫塑料：50%；PE、PP、PS、AS、ABS、PA、PET、PC，该材料不得长期接触油脂制品 PVC、PVDC 橡胶：43	
邻苯二甲酸二正丁酯（DBP）	5	0.3

（五）《市场监管总局关于食品中"塑化剂"污染风险防控的指导意见》（国市监食生〔2019〕214 号）

明确要求企业生产经营的油脂类、酒类食品，应符合国务院卫生行政部门关于塑化剂最大残留量的规定。再次明确了油脂类、酒类食品邻苯二甲酸酯类限值要求：白酒和其他蒸馏酒中邻苯二甲酸二（2-乙基）己酯（DEHP）和邻苯二甲酸二正丁酯（DBP）的含量，分别不高于 5 mg/kg 和 1 mg/kg。油脂类、酒类食品中 DEHP（白酒、其他蒸馏酒除外）、邻苯二甲酸二异壬酯（DINP）、DBP（白酒、其他蒸馏酒除外）最大残留量，分别为 1.5 mg/kg、9.0 mg/kg、0.3 mg/kg（谌松强等，2024）。

二、欧盟对塑化剂相关法规标准及限量要求

欧盟在全球范围内率先对邻苯二甲酸酯类化合物的应用实施了严格的限制，这一举措体现了其对食品安全和环境保护的高度重视（金银银，2024）。欧盟通过其关于食品接触材料的指令，引入了特定迁移限量（SML）的概念，这一标准严格规定了从塑料迁移到食品中的某一特定物质的最大允许量，具体以毫克物质每千克食品或食品模拟物（mg/kg）来表示

（吴宗旭，2023）。这一概念的引入为评估食品接触材料中化学物质的迁移风险提供了科学依据。

在欧盟的REACH法规框架下，高关注物质（SVHC）成为重点监控对象。其中，邻苯二甲酸酯因其潜在的致癌、致突变和致生殖毒性（CMR）而被特别关注。目前，已有多种邻苯二甲酸酯类增塑剂，如DNOP、BBP、DBP、DIBP、DMEP、DPP和DNHP等，被列入SVHC清单。对于超过SVHC限量要求的邻苯二甲酸酯类增塑剂，生产商和供应商必须在供应链中提供详细的使用信息，并申请授权使用，以确保这些物质的使用符合欧盟的严格规定（师聪慧等，2015）。欧盟的《食品接触塑料材料和制品法规》（10/2011/EU）进一步细化了对邻苯二甲酸酯类化合物的限制。该法规明确规定了DEHP、DBP、DINP、DIDP和BBP在食品接触材料中的含量上限，其中BBP、DEHP、DINP和DIDP的含量不得超过0.1%，而DBP的含量更是严格控制在0.05%以内。此外，该法规还给出了这些物质的特定迁移限量，以确保它们在食品中的迁移量不会对人体健康造成危害（居静霞等，2012）。

值得注意的是，在2023年的（No10/2011/EU）第16次修订草案中，欧盟再次收紧了对这五种邻苯二甲酸酯类化合物的迁移限量（表3-3）。其中，DBP的迁移限值从0.3 mg/kg大幅降低至0.12 mg/kg，BBP的迁移限值也从30 mg/kg骤减至6 mg/kg，DEHP的迁移限值则从1.5 mg/kg下调至0.6 mg/kg，而DINP（C9）的迁移限值更是从9 mg/kg大幅削减至1.8 mg/kg。这些修订不仅体现了欧盟对食品安全标准的不断提升，也预示着全球范围内对邻苯二甲酸酯类化合物使用的监管趋势将更加严格。

表3-3 欧盟修订邻苯二甲酸酯类的迁移限量（杨欣等，2024）

名称	迁移限值/（mg/kg）	特定迁移限值/（mg/kg）
DBP	0.3	0.12
BBP	30.0	6.0
DEHP	1.5	0.6
DINP	9.0	1.8

三、美国对塑化剂相关法规标准及限量要求

美国环境保护局2005年通过G/TBT/N/USA/122通报，将邻苯二甲酸

二异壬酯列入有害化学品清单，并将 6 种邻苯二甲酸酯列入重点控制的污染物黑名单中，禁止在本国生产（郭永梅，2012）。美国消费品安全委员会发布指导性文件，要求自 2009 年 2 月 10 日起，儿童玩具或儿童护理用品中 6 类邻苯二甲酸酯（Phthalate）的含量不得超过 0.1%，凡是含量超标的产品，不论何时制造，均不得进口、分销及出售（高铭等，2021）。

美国食品药品监督管理局（FDA）已于 2022 年 5 月撤销了 25 种以往授权用于食品接触材料的邻苯二甲酸酯类增塑剂，修订后许可 8 种邻苯二甲酸酯［DINP、DIBP、DIDP、邻苯二甲酸二乙酯（diethyl phthalate，DEP）、邻苯二甲酸二环己酯（dicyclohexyl phthalate，DCHP）、邻苯二甲酸二（α-乙基己基）酯［bis（2-ethylhexyl）phthalate，DOP］、DBP、乙基邻苯二甲酸乙二醇酯（ethylphalyl ethylglycolate，EPEG）］用于食品接触材料及制品，并要求行业提供使用相关授权的 8 种邻苯二甲酸酯作为增塑剂的特定食品的接触途径、使用水平、膳食暴露和安全数据的信息（杨欣等，2024）。

第二节 塑化剂法规执行的挑战与应对策略

一、塑化剂法规执行中的难点与挑战

当前，塑化剂法规在执行过程中面临着诸多难点与挑战，主要体现在以下三个方面。首先，监管复杂性突出。塑化剂种类繁多，且在不同产品中的使用方式和含量标准存在显著差异。以食品包装和儿童玩具为例，前者需要重点关注高温条件下的迁移风险，后者则需严格控制总含量。这种差异性导致统一监管标准制定困难，从而增加了监管难度。其次，塑化剂检测技术的更新和普及速度相对较慢。部分小型企业和作坊式生产单位可能因技术限制而无法准确检测产品中的塑化剂含量，导致法规执行不力。最后，企业转型压力大。塑化剂相关法规的出台往往会对相关行业造成一定的冲击，部分企业可能因成本上升、技术转型困难等问题而抵触法规的执行，这在一定程度上削弱了企业的合规积极性。

二、系统性应对策略

（一）提升监管效能

提升监管效能需要采取多管齐下的策略。首先，在技术层面上要加强塑化剂检测技术的研发和推广，提高检测效率和准确性，重点发展快速检测技

第三章 塑化剂相关法规标准及限量要求

术,降低企业的检测成本;其次,在机制创新方面建议建立分级监管体系。同时,要完善奖惩机制,对违规企业实施"黑名单"制度,对积极转型者给予税收优惠和技术支持。

(二) 推动替代品发展

塑化剂替代品的研发与应用是应对塑化剂相关法规的重要手段。随着环保意识的提高和科技的进步,越来越多的环保材料和替代品被开发出来,用于替代传统的塑化剂。这些替代品不仅具有相似的物理和化学性能,而且对人体和环境的影响更小,符合可持续发展的要求。目前,国际上研究比较多的能替代邻苯二甲酸酯类增塑剂的产品有乙酰柠檬酸三丁酯(ATBC)、柠檬酸三辛酯、柠檬酸三丁酯(TBC)、环氧大豆油等不同相对分子质量的聚酯增塑剂(杨彬等,2021;高铭等,2021;项建存,2019)。其中 ATBC、TBC 通过美国食品药品监督管理局(FDA)认可为环保增塑剂,并在医药、食品包装以及儿童玩具等领域使用(蒋松等,2024)。

然而,塑化剂替代品的推广也面临着诸多挑战。首先,替代品的研发需要投入大量的资金和时间,且技术难度较大,需要跨学科的合作和攻关。其次,部分替代品在性能上可能无法完全替代传统的塑化剂,需要在使用过程中进行优化和改进。因此,政府和相关机构需要加大对塑化剂替代品研发的支持力度,鼓励企业、高校和科研机构开展合作,共同推动替代品技术的研发和应用。

(三) 强化企业合规管理

塑化剂相关法规的出台对企业合规管理提出了更高的要求。首先,企业需要建立完善的合规体系,从而确保产品符合法规要求,避免因违规操作而引发的法律风险和经济损失。其次,企业还需要加强风险管理,对可能存在的塑化剂风险进行识别和评估,制定相应的应对措施和预案。同时,为了帮助企业更好地应对合规和风险管理挑战,政府和相关机构可以为企业提供培训和指导服务,还可以建立企业合规和风险管理信息共享平台,促进企业之间的交流和合作,共同提高合规和风险管理水平。

(四) 加强消费者教育和权益保护

消费者教育和权益保护是塑化剂相关法规执行中的重要环节。消费者教育,除了传统的科普宣传,还可以开发"塑化剂风险可视化"小程序,通过 AR 技术展示不同产品中的潜在风险。提高消费者对塑化剂危害的认识和防范意识,可以促使消费者在购买和使用产品时更加关注产品的安全性和环保性。在维权机制方面,建议建立"检测—投诉—赔偿"快速通道,建立健全的投诉和维权机制，可以保障消费者在塑化剂相关法规执行中的合法权益。

综上所述，塑化剂相关法规的执行面临着诸多挑战和难点，但通过政策引导提升监管效能、推动替代品研发、强化企业合规管理及加强消费者教育和权益保护等策略的协同推进。可以有效地应对这些挑战和难点，推动塑化剂相关法规的顺利实施和持续改进，实现产品安全与产业发展的平衡。

参考文献

谌松强，刘沛通，陈晓园，等，2024. 白酒质量安全标准及控制现状 [J]. 酿酒科技（6）：105-114.

高铭，常英健，郑为，2021. 国内外纺织品限制物质要求（二）[J]. 印染，47（7）：87-93.

郭永梅，2012. 邻苯二甲酸酯的毒性及相关限制法规 [J]. 广州化学，37（2）：75-79.

国家卫生和计划生育委员会，2017. GB 9685—2016，食品安全国家标准 食品接触材料及制品用添加剂使用标准 [S]. 北京：中国质检出版社.

蒋松，屈会芝，2024. 环保增塑剂问题分析与建议 [J]. 现代塑料加工应用，36（5）：61-64.

金银银，2024. 白洋淀区水产品中新污染物的残留分布及健康风险评价 [D]. 杭州：浙江农林大学.

居静霞，尹桂波，2012. 国内外纺织品中邻苯二甲酸酯类增塑剂的测定与限量对比分析 [J]. 江苏丝绸（2）：40-43.

刘德开，2021. 植物油基环保增塑剂的合成及性能研究 [D]. 无锡：江南大学.

师聪慧，麦宝华，张少杰，等，2015. 纺织品中邻苯二甲酸酯增塑剂的限量对比分析 [J]. 广州化工，43（7）：29-31.

食品法规中心，2011-08-04. 关于公布食品中可能违法添加的非食用物质和易滥用的食品添加剂名单（第六批）的公告（卫生部公告2011年第16号）[S]. http：//law.foodmate.net/show-172399.html.

食品法规中心，2011-09-14. 卫生部办公厅关于通报食品用香精香料适用邻苯二甲酸酯类物质最大残留量有关问题的函 [卫办监督函〔2011〕773号] [S]. 北京：卫生部. http：//law.foodmate.net/

show-173458. html.

食品法规中心，2012-08-01. 卫生部办公厅关于通报食品及食品添加剂中邻苯二甲酸酯类物质最大残留量的函［卫办监督函〔2011〕511号］［S］. 北京：卫生部. http：//law. foodmate. net/show-175051. html.

王腾，余逸飞，王睿，等，2023. 食品中邻苯二甲酸酯类塑化剂检测方法研究进展［J］. 生物技术进展，13（1）：11-21.

吴宗旭，2023. 我国主要食品接触材料膳食暴露评估基础参数市场调查研究［D］. 长春：长春中医药大学.

项建存，2019. 环保增塑剂DOTP的生产工艺优化研究［D］. 杭州：浙江工业大学.

徐仲杰，2023. 食品安全检测用稳定同位素内标试剂的研制及应用［D］. 上海：东华大学.

杨彬，高云方，沈小宁，2021. 新型绿色环保增塑剂的开发与应用［J］. 聚氯乙烯，49（4）：1-7，35.

杨欣，隋玲，候新彤，等，2024. 塑料食品包装中受限物质检测研究进展［J］. 食品安全质量检测学报，15（14）：20-30.

第四章
塑化剂检测技术的研究现状

第一节 国内外塑化剂检测标准

一、国内塑化剂检测标准

塑化剂是塑料中的一种高分子聚合物，添加后会提高塑料的延展性、柔韧性和膨胀性，PAEs是当下在生产中应用最为广泛的一类塑化剂（白金阳，2023；King，2020），目前国内PAEs的检测标准共有约28项，主要集中于食品、食品接触材料、肥料、土壤、玩具、化妆品、水质等检测对象，见表4-1。采用的方法有气相色谱-质谱联用法（GC-MS）、液相色谱-质谱/质谱法（LC-MS/MS）、气相色谱法（GC）及高效液相色谱法（HPLC）。与其他方法相比，气相色谱-质谱联用法（GC-MS）在具备良好的选择性、灵敏度和重复性的同时，系统本地干扰较少，是目前检测PAEs标准中最常用的定量检测技术（张玉环，2021），见图4-1。HPLC-MS可用于测定GC-MS难以区分的物质，如邻苯二甲酸二异壬酯（DINP）和邻苯二甲酸二异癸酯（DIDP）具有多种同分异构体，在GC和GC-MS的色谱图中为五指峰，不容易准确定量，采用HPLC-MS进行测定时，DINP只有一个峰，易于定量检测（张玉环等，2021）。

标准中的方法原理一般是根据PAEs极性特点，采用液液萃取、索氏提取、超声提取，或者固相萃取的提取方式，其中超声提取具有操作简便，回收率高、成本低的优点，是目前国内标准中最常使用的提取净化PAEs的方法，乳品中PAEs的检测一般均采用此方法。常用的有机溶剂有正己烷、乙腈、乙酸乙酯、甲醇等。液液萃取法（liquid-liquid extraction，LLE）是利用样品中不同组分在两种互不相溶的溶剂中的溶解度不同而进行分离、纯化的方法；固相萃取法（solid-phase extraction，SPE）利用吸附剂有选择性地吸附样品中被测物质，除去杂质，再通过体积较小的溶剂洗脱或者用热解吸方法解析被测物质，但是鉴于PAEs的广泛存在性，固相萃取柱需使用玻璃材质，成本较高，同时回收率和精密度要低于液液萃取，一般用于植物油中 PAEs 的检测（曾琴等，2024；向成艳等，2023）。

表 4-1 国内塑化剂检测标准

序号	标准号	标准名称	检测方法	可检塑化剂种类
1	GB 5009.271—2016	食品安全国家标准 食品中邻苯二甲酸酯的测定	气相色谱质谱法	食品中 16 种邻苯二甲酸酯（第一法）食品中 18 种邻苯二甲酸酯（第二法）
2	GB 31604.30—2016	食品安全国家标准 食品接触材料及制品 邻苯二甲酸酯的测定和迁移量的测定	气相色谱质谱法	食品接触材料及制品中的邻苯二甲酸酯
3	SN/T 3147—2017	出口食品中邻苯二甲酸酯的测定方法	气相色谱-质谱法 液相色谱-质谱/质谱法	食品中 24 种邻苯二甲酸酯类化合物的测定
4	SN/T 2249—2023	塑料原料及其制品中 34 种增塑剂的测定 气相色谱-质谱法	气相色谱-质谱法	塑料原料及其制品中邻苯二甲酸酯类、己二酸酯类、磷酸酯类、柠檬酸酯类等 34 种增塑剂
5	SN/T 4606—2016	食品接触材料 高分子材料 食品模拟物中邻苯二甲酸酯类增塑剂的测定 液相色谱-质谱/质谱法	液相色谱-质谱/质谱法	食品模拟物中 20 种邻苯二甲酸酯类增塑剂
6	SN/T 4121—2015	食品接触材料高分子材料橄榄油模拟物中邻苯二甲酸酯的测定 气相色谱质谱法	气相色谱-质谱法	食品接触的高分子材料橄榄油模拟物中 6 种邻苯二甲酸酯
7	GB/T 37860—2019	纸、纸板和纸制品 邻苯二甲酸酯的测定	气相色谱-质谱法	纸、纸板和纸制品中 19 种邻苯二甲酸酯
8	GB/T 39110—2020	消费品 塑胶材料 邻苯二甲酸酯类增塑剂快速筛选	气相色谱-质谱法	消费品塑胶材料中 6 种邻苯二甲酸酯类增塑剂
9	T/NAIA 0184—2022	亚麻籽油中 16 种邻苯二甲酸酯的测定 气相色谱质谱法	气相色谱-质谱法	亚麻籽油（及其调和油）中 16 种邻苯二甲酸酯含量
10	HJ 1242—2022	水质 6 种邻苯二甲酸酯类化合物的测定 液相色谱-三重四极杆质谱法	液相色谱-质谱/质谱法	水质 6 种邻苯二甲酸酯类化合物
11	GB/T 35104—2017	肥料中邻苯二甲酸酯类增塑剂含量的测定 气相色谱-质谱法	气相色谱-质谱法	肥料中 8 种邻苯二甲酸酯类增塑剂

（续表）

序号	标准号	标准名称	检测方法	可检塑化剂种类
12	LS/T 6131—2018	粮油检验 植物油中邻苯二甲酸酯类化合物的测定	气相色谱-质谱法	植物油中8种邻苯二甲酸酯类化合物
13	GB/T 39234—2020	土壤中邻苯二甲酸酯测定 气相色谱-质谱法	气相色谱-质谱法	土壤中6种邻苯二甲酸酯
14	HJ 1184—2021	土壤和沉积物 6种邻苯二甲酸酯类化合物的测定 气相色谱-质谱法	气相色谱-质谱法	土壤和沉积物中6种邻苯二甲酸酯类化合物
15	DB43/T 1654—2019	淋膜纸和纸板中邻苯二甲酸酯类塑化剂的测定 气质联用法	气相色谱-质谱法	淋膜纸纸板及其制品中邻苯二甲酸酯类增塑剂（16种）
16	GB/T 28599—2020	化妆品中邻苯二甲酸酯类物质的测定	气相色谱-质谱法、高效液相色谱法、气相色谱法	化妆品中24种邻苯二甲酸酯类物质
17	DB13/T 5189.12—2020	天然植物提取物中危害成分检测 第12部分：甜菊糖苷中邻苯二甲酸酯的测定	气相色谱-质谱法	天然植物提取物甜菊糖苷中16种邻苯二甲酸酯
18	DB35/T 1849—2019	纸和纸制品中邻苯二甲酸酯的测定	气相色谱-质谱法	纸和纸制品中23种邻苯二甲酸酯类含量
19	SN/T 4902—2017	进出口化妆品中邻苯二甲酸酯类化合物的测定 气相色谱-质谱法	气相色谱-质谱法	化妆品中9种邻苯二甲酸酯类物质
20	SN/T 3995—2014	进出口纺织品 邻苯二甲酸酯的定量分析方法	气相色谱-质谱联用法、高效液相色谱法	纺织品中17种邻苯二甲酸酯
21	HJ 834—2017	土壤和沉积物 半挥发性有机物的测定 气相色谱-质谱法	气相色谱-质谱法	土壤和沉积物中6种邻苯二甲酸酯类物质
22	SN/T 4133—2015	玩具材料中邻苯二甲酸酯增塑剂的测定方法 液相色谱-质谱联用法	液相色谱-质谱/质谱法	玩具材料中6种邻苯二甲酸酯增塑剂
23	SN/T 3818—2014	压敏胶中邻苯二甲酸酯的测定 液相色谱-质谱法	液相色谱-质谱/质谱法	压敏胶中9种邻苯二甲酸酯
24	YC/T 333—2010	烟用水基胶 邻苯二甲酸酯的测定 气相色谱-质谱联用法	气相色谱-质谱法	烟用水基胶中7种邻苯二甲酸酯
25	GB/T 29608—2013	橡胶制品 邻苯二甲酸酯类的测定	气相色谱-质谱法	橡胶制品中6种邻苯二甲酸酯类增塑剂

(续表)

序号	标准号	标准名称	检测方法	可检塑化剂种类
26	SN/T 4121—2015	食品接触材料高分子材料橄榄油模拟物中邻苯二甲酸酯的测定 气相色谱-质谱法	气相色谱-质谱法	食品接触的高分子材料橄榄油模拟物中6种邻苯二甲酸酯类
27	SN/T 3105—2012	进出口水性涂料中邻苯二甲酸酯的测定 高效液相色谱法	高效液相色谱法	水性涂料中11种邻苯二甲酸酯
28	SN/T 2935—2011	进出口溶剂型涂料中苯、甲苯、二甲苯和邻苯二甲酸酯的测定 气相色谱法	气相色谱法	溶剂型涂料中5种邻苯二甲酸酯
29	YC/T 417—2011	聚丙烯丝束滤棒中邻苯二甲酸酯的测定 气相色谱-质谱联用法	气相色谱法	聚丙烯丝束滤棒中7种邻苯二甲酸酯

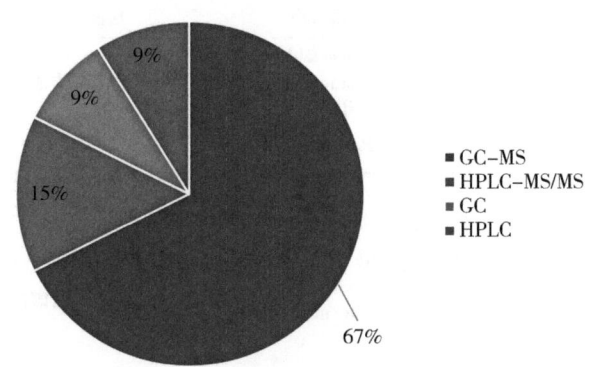

图4-1 塑化剂各类检测方法比例

在检测种类方面，被关注的PAEs有6~34种，其中邻苯二甲酸二甲酯（DMP）、邻苯二甲酸二乙酯（DEP）、邻苯二甲酸苄基丁基酯（BBzP）、邻苯二甲酸二正丁酯（DBP）、邻苯二甲酸二异丁酯（DIBP）和邻苯二甲酸二（2-乙基）己酯（DEHP）是最常见的PAEs。DEHP和DBP被联合国出版的《全球化学品统一分类和标签制度》列于1B类（具有致癌、致突变或生殖毒性）。欧洲化学品管理局（European Chemicals Agency，ECHA）认为DBP、邻苯二甲酸丁基苄基酯（BBP）、DEHP和DIBP四种PAEs具有抗雄性激素的作用，在胎儿发育过程中会对男性生殖器官和性别分化产生不利影响，因此根据生殖对发育和生育能力的不利影响，这四种PAEs被归类为1B类生殖毒物（USEPA，2024）。美国环境保护局将DEHP、DBP、BBP、邻苯二甲酸二乙酯（DEP）、邻苯二甲酸二甲酯（DMP）和邻苯二甲酸二正辛酯（DNOP）列为6种优先控制污染物（USEPA，2024；朱正意等，2024；邱爽等，2023；王笑妍等，2019）。因此国内检测标准中PAEs的检测范围大部分集中于DBP、DIBP、DEHP等6种邻苯二甲酸酯。

二、国际塑化剂检测标准

国外关于PAEs的检测标准有：ISO/TS 16465：2024、ISO 14389：2022、ISO 18856：2004、ISO 13913：2014；美国国家环保局（USEPA）1996年发布的SW-846 Test Method 8061A等（GC/ECD，2024）。与国内标准类似，样品前处理一般均采用有机溶剂提取，通过GC-MS测定，部分标准名称及适用范围见表4-2。

表4-2 国际塑化剂检测标准

序号	标准号	标准名称	检测方法	可检塑化剂种类
1	ISO/TS 16465：2024	Animal and vegetable fats and oils–Determination of phthalates in vegetable oils	气相色谱-质谱法	植物油中9种邻苯二甲酸酯
2	ISO 16000-33：2024	Indoor air–Part 33：Determination of phthalates with gas chromatography/mass spectrometry（GC/MS）	气相色谱-质谱法	室内空气中邻苯二甲酸酯
3	ISO 18856：2004	Water quality–Determination of selected phthalates using gas chromatography/mass spectrometry	气相色谱-质谱法	地下水、地表水、废水和饮用水中的邻苯二甲酸酯
4	ISO 13913：2014	Soil quality–Determination of selected phthalates using capillary gas chromatography with mass spectrometric detection（GC/MS）	气相色谱-质谱法	污泥、处理过的生物废物和土壤中邻苯二甲酸酯
5	ISO 14389：2022	Textiles–Determination of the phthalate content–Tetrahydrofuran method	气相色谱-质谱法	纺织品中邻苯二甲酸酯
6	ISO 8124-6：2023	Safety of toys–Part 6：Certain phthalate esters	气相色谱-质谱法	玩具中7种邻苯二甲酸酯
7	ASTM D8133-23	tandard Test Method for Determination of Low Level Phthalates in Poly（Vinyl Chloride）Plastics by Solvent Extraction–Gas Chromatography/Mass Spectrometry	气相色谱-质谱法	增塑聚氯乙烯（PVC）制品中6种邻苯二甲酸酯

（续表）

序号	标准号	标准名称	检测方法	可检塑化剂种类
8	SW-846 Test Method 8061A	Phthalate Esters by Gas Chromatography with Electron Capture Detection (GC/ECD)	气相色谱法	地下水、土壤、污泥和沉积物中7种邻苯二甲酸酯

第二节　国内外塑化剂检测方法

目前，乳品塑化剂检测主要为色谱法，其中以气相色谱法（gas chromatography，GC）和气相色谱-质谱法（GC-mass spectrometry，GC-MS）最为常见。但由于实际样品中存在较强的基质干扰，在仪器分析前，需要进行适当的样品前处理，以萃取富集塑化剂。常用的前处理技术为固相微萃取（solid phase microextraction，SPME）、磁性固相萃取（magnetic solid-phase extraction，MSPE）、液液萃取（liquid-liquid extraction，LLE）、QuEChERS（quick，easy，cheap，effective，rugged，safe）等。将快速简便的前处理技术与大型精密仪器相结合能够提高方法的精密度，使结果更准确可靠，如表4-3所示。

表4-3　乳品中塑化剂的检测方法

乳品	样品前处理方法	分析方法	回收率/%	检出限	文献
天然低脂酸奶	分散固相萃取	GC	84.0~102.0	0.02~0.31 μg/L	Pourreza 等，2021
母乳	QuEChERS	GC	83.68~103.73	0.012~0.020 μg/L	Adenuga 等，2020
儿童牛奶饮料	固相微萃取	GC-MS	80~120	0.01~3.00 μg/L	Hou 等，2022
乳饮料	分散固相萃取	GC-MS/MS#	79.3~121.8	0.005~2.748 μg/L	Pang 等，2020
牛奶	MSPE	GC-MS	91.4~105.2	0.004~0.02 ng/mL	Lu 等，2019
奶粉	SPME	GC-MS/MS	82.4~107.1	0.3~1.0 μg/kg	阮小娇等，2020
牛奶、酸奶、乳饮料	Fe_3O_4/GO 改进 QuEChERS	GC-MS	85.7~117.7	0.5~2.5 μg/kg	于玲等，2020
牛奶	酸碱诱导共晶溶剂-涡旋辅助液-液微萃取	HPLC	93.9~107.0	1.06~4.55 ng/mL	Wang 等，2020

(续表)

乳品	样品前处理方法	分析方法	回收率/%	检出限	文献
牛奶	分散液液微萃取	HPLC	91~99	0.5 μg/mL	Shah 等, 2024
酸奶	乙酸乙酯提取法	LC-MS/MS▲	94.90~103.57	0.003~1.5 ng/g	梅秀明等, 2022
母乳	QuEChERS	LC-MS/MS	85.6~113.0	0.1~0.5 ng/mL	An 等, 2020

注：#GC-串联质谱法（tandem mass spectrometry，MS/MS）；▲液相色谱-串联质谱法（liquid chromatography-tandem mass spectrometry，LC-MS/MS）。

一、气相色谱法

GC 能够分离分析复杂及性能相近的混合物，尤其是易挥发的有机化合物，在塑化剂检测中应用广泛。SPME 是一种基于吸附的微萃取方法，将分析物的取样、分离和预浓缩结合在一起，纤维涂层材料的选择直接影响萃取效率的高低。Mirzajania 等（2020）首次基于金属有机共价骨架材料（metal organic framework，MOF）-低共熔溶剂/分子印迹聚合物制备了单片中空纤维，采用 GC-FID 同时富集测定酸奶、矿泉水和大豆油样中的 6 种塑化剂。该方法检出限（0.008~0.03 μg/L）远低于其他文献报道的方法（Guo, 2013；Cinelli, 2013），加标回收率为 95.5%~100.0%，但所制备的萃取材料需要用活化溶剂 $CHCl_3$ 浸泡 3 d，耗时较长。为了避免萃取材料制备时间长的问题，Jiang 等（2022）通过在 SiO_2 微球表面原位生长 MOF-199，仅需 1 d 即可合成出具有核壳结构的 SiO_2@MOF-199 复合材料，结合 GC-FID 法，建立了瓶装牛奶中 6 种塑化剂的检测方法，通过对萃取条件的优化，方法具有较低的检出限（0.3~19.8 ng/L）和较高的富集倍数（225~2 089 倍）。

相较于传统的样品前处理方法，SPME 具有操作简单、样品用量和有机试剂消耗少及对复杂基质中目标物质净化程度高等特点，能够对基质中的塑化剂进行富集和分离，常与 GC 结合使用。GC 分析时间短，可以满足乳品中痕量塑化剂的测定需求，但在检测过程中可能存在假阳性样品，并且重现性和稳定性相对较差。

二、气相色谱-质谱法

GC-MS 可同时对多种塑化剂化合物进行定性定量分析，具有分析速度快、灵敏度高、检出限低的优势，是目前测定塑化剂最常用的方法之一。Ma 等（2022）以短链塑化剂和长链塑化剂为模板分子，以大环冠醚为成孔剂，合成了新型磁性分子印迹聚合物，利用 GC-MS 可以对奶粉中 15 种塑化剂进行选择性分离和测定，基于该方法的 MSPE 耗时约 15 min。与之相比，Pan 等（2022）建立的 MSPE 方法虽然分析物种类不及前者多，但仅用时 5 min 即可完成萃取、解析过程，缩短了萃取时间。该方法合成了一种新型磁性共价有机框架吸附剂，结合 GC-MS/MS，可以对牛奶中 BBP、DEHP 等 6 种塑化剂进行检测。吸附剂与塑化剂之间存在的强疏水作用和 π-π 作用是萃取效率提高的关键。此外，该方法线性范围宽（3.0~1000 μg/L），灵敏度高，加标回收率为 76.8%~99.2%。

  MSPE 具有低毒性、性价比高和萃取快等优点，避免了传统固相萃取中相分离的烦琐过程。GC-MS 能够提高定量分析的精度，解决了 GC 中稳定性差的问题，与 MSPE 结合可以满足乳品中痕量塑化剂含量的测定需求，但塑化剂易残留于色谱柱和离子源中，在做大批量样品检测时，需要及时关注出峰结果，定期更新维护仪器状态，确保数据的准确性。

  此外，乳品基体的成分较为复杂，主要含有脂肪、蛋白质和碳水化合物，因此其中邻苯二甲酸酯类化合物的检测难度较大。一般提取食品中邻苯二甲酸酯类化合物常用的溶剂是正己烷或者乙腈。但在真实乳品样品检测过程中，当以弱极性溶剂正己烷提取乳粉基质中邻苯二甲酸酯类目标物质时，为提高低极性邻苯二甲酸酯的提取效率，脂肪共提取情况无法避免。因此试验过程中乳品样品容易出现乳化现象，即在正己烷层有凝胶状固体，影响目标物质的提取，对测定结果准确度造成不利的影响。而采用乙腈作为提取溶剂，其在提取过程中可以起到沉淀乳粉中蛋白质和脂肪大分子物质的作用，可有效提取邻苯二甲酸酯目标化合物，同时产生的盐析作用使上层的乙腈提取液层清澈透明并与下层水相形成稳定、界限分明的分层，便于后续提取液的吸取（许兵兵等，2018）。有研究表明，比较正己烷、乙酸乙酯、乙腈、甲醇 4 种溶剂对乳粉中邻苯二甲酸酯的提取效率，4 种溶剂提取效率大小顺序为乙腈>甲醇>正己烷>乙酸乙酯。因此，乳品中邻苯二甲酸酯类化合物的检测以乙腈作为提取溶剂，并采用同位素内标法以校正低极性邻苯二甲酸酯类化合物提取效率低产生的影响，可有效减轻基质带来的干扰，提高分析结果的准确性（王金翠等，2022；王敬等，2019）。

三、液相色谱法

HPLC 与 GC 原理相似，但对不稳定、难挥发的塑化剂组分具有较好的分离效果。此外，HPLC 在分析塑化剂异构体时具有较高的灵敏度和选择性，通过改变流动相和梯度洗脱条件可有效分离 DIDP 和 DINP。值得注意的是，由于塑化剂具有中低极性，通常以极性低的反相色谱柱洗脱。Wang 等（2020）以一系列脂肪酸（C8~C12）和薄荷醇作为氢键供体和受体制备低共熔溶剂，以氢氧化钠为乳化剂、盐酸为分离剂，以水和乙腈为流动相，选用 C_{18} 色谱柱，采用液液微萃取（liquid-liquid microextraction，LLME）-HPLC 测定包装牛奶中 7 种塑化剂，在 1~100 μg/mL 范围内线性良好，检出限为 1.06~4.55 ng/mL，相对标准偏差（relative standard deviation，RSD）（$n=5$）为 1.63%~4.44%，方法基质干扰小、重复性高。Gao 等（2018）制备了磁性编织芳香聚合物吸附剂，采用 MSPE-HPLC-UV 对牛奶中 BBP、DBP、邻苯二甲酸二乙酯、邻苯二甲酸二丙酯进行吸附检测。

与传统的溶剂萃取法相比，LLME 具有操作简单、萃取快、富集倍数高的特点。HPLC 虽对塑化剂具有较高的分离度，但流动相的管道和溶剂等会有 PAEs 本底的干扰，可检测的 PAEs 检测种类较少。

四、液相色谱-串联质谱法

相比于 HPLC，LC-MS/MS 具有分析范围广、高灵敏度、检出限低等特点。中国出入境食品检验检疫行业标准 SN/T 3147—2017《出口食品中邻苯二甲酸酯的测定》将 HPLC-MS/MS 列为其检测方法。Huang 等（2023）使用超高效液相色谱-串联质谱法（ultra performance liquid chromatography-tandem mass spectrometry，UPLC-MS/MS），结合 LLE-SPE 技术，建立了一种测定珍珠奶茶中 10 种塑化剂的灵敏分析方法，检出限为 0.49~3.16 μg/L。Yu 等（2022）提出了一种改进的 QuEChERS 法，在原有方法的基础上，优化盐析试剂、吸附剂和萃取溶剂的性能，以此用于检测牛奶中雌激素、酚类、塑化剂、三氯生等 26 种潜在内分泌干扰物。结果表明，18 份牛奶样品、12 份塑料包装全脂奶制品和 6 份全脂奶制品中均检测到 DBP 和 DEHP，含量分别为 22.23~137.84 μg/kg 和 28.79~118.54 μg/kg，均低于国家标准的定量限（分别为 300 μg/kg 和 1500 μg/kg）。这可能是因为 DBP 是弱极性化合物，DEHP 是非极性化合物，因此更容易从塑料包装材料迁移到含脂肪的乳品中。

QuEChERS 是一种环境友好且高效的前处理方法。通过沉淀蛋白质和脂肪来纯化样品，从而减弱基质效应，并且可以简化前处理流程，缩短提取时间。但 LC-MS/MS 因操作复杂、仪器设备昂贵，无法实现乳品塑化剂的现场和快速检测。而且由于 LC-MS/MS 易受流动相管道和溶剂等介质中本底的干扰，系统空白较难控制。整个液相系统需要进行改装，在液相的混合器和进样器之间接预保留柱，以推迟管路中的邻苯二甲酸酯类化合物的本底，并将特氟龙管路更换为聚醚醚酮管路，还需加装捕集柱，以降低本地干扰（贺诗意，2024）。

五、免疫分析法

免疫分析法是一种基于抗原抗体特异性结合反应的快速检测方法。Sun 等（2015）建立了间接竞争生物素-链亲和素酶联免疫检测牛奶和奶制品中邻苯二甲酸二甲酯（dimethyl phthalate，DMP）方法。该方法采用重氮化法和戊二醛法，利用 DMP 半抗原分子末端氨基将半抗原偶联到载体蛋白上，以牛血清白蛋白-DMP 和卵清蛋白-DMP 分别作为免疫原和包被抗原，制备高效兔多克隆抗体，成功检测了牛奶和奶制品中的 DMP，检出限 0.0082 μg/L，回收率为 90.26%~112.38%。

免疫分析法具有操作简单、快速、成本低、灵敏度高的优点，可用于养殖场和企业中大批量乳品检测，以实现上市前的批批速测，确保上市前的质量安全。然而，有限的分析物种类限制了该类方法的进一步应用。

六、荧光分析法

荧光分析法是指利用某些物质被紫外光照射后基态电子跃迁至激发态，而激发态电子在返回基态时可以释放特定波长的荧光，从而进行定性和定量分析。Cromwell 等（2019）建立了一种基于环糊精促进荧光检测奶酪粉中塑化剂的新方法，主要依赖于分析物对荧光团和环糊精腔亲和力的细微变化，进而加快信号输出，具有开发便携式荧光传感器的潜力。该方法可检测出 15 种塑化剂，具有高灵敏度（检出限低至 0.12 μmol/L）和普遍适用性。

与大多数快速检测方法相比，基于荧光的检测能够更快速地读取信号、可方便携带，并提高了检测灵敏度和选择性，可与其他快速检测方法联合使用，以实现快速分析、降低成本的目标。

七、电化学传感检测法

电化学传感器由特定的识别元件和信号转换单元组成。识别元件与被测物质反应产生感应信号，由感应信号转换单元将其转换成与被测物质浓度成比例的可识别电信号。通过不同的方法和材料对电极进行修饰，提高传感器的选择性和灵敏度。Zhang 等（2013）制备磁性分子印迹聚合物，建立了一种高灵敏度、高选择性的分子印迹传感器与磁性分子印迹固相萃取相结合的方法，用于测定豆浆、牛奶中的 DBP。在最优条件下，传感器的响应电流与 DBP 浓度在 $1.0\times10^{-8} \sim 1.0\times10^{-3}$ g/L 范围内呈线性关系，检出限为 0.052 ng/L。电化学传感器检测法具有简单快速、成本低、便携、专一性高等优点，但须开发丰富多样的合成修饰材料。

综上所述，GC 分析时间短，可以满足乳品中痕量塑化剂的测定需求，但重现性和稳定性相对较差；HPLC 在分析塑化剂异构体时具有较高的选择性，但所使用的流动相多为有机试剂，对环境有害；GC-MS 可同时分析多种塑化剂化合物，是目前常用的检测方法，但仪器耗材成本较高，不便于现场携带。免疫分析法具有操作简单、成本低的优点，但抗原抗体特异性强，可选择的分析物有限。荧光分析法和电化学传感检测法便于携带、信号输出快，但仍需要专业设备的支持和开发性能优良的识别材料，如表 4-4 所示。目前，每种检测方法都具有各自的优势和限制，只有因地制宜，根据使用场景和条件的限制选择合适的检测方法才能实现各种情况下塑化剂快速、灵敏和准确的检测。

表 4-4 不同检测方法优缺点

检测方法	优点	缺点	文献
GC	分析时间短，可以满足乳品中痕量塑化剂的测定需求	重现性和稳定性相对较差	Pourreza 等，2021
HPLC	对塑化剂异构体具有较高的选择性	流动相的管道和溶剂等会有 PAEs 本底的干扰，可检测的 PAEs 检测种类较少	贺诗意等，2024
GC-MS	可同时分析多种塑化剂化合物	仪器耗材成本较高，不便于现场携带	Cao 等，2021
免疫分析法	操作简单、成本低	抗原抗体特异性强，可选择的分析物有限	Li 等，2020

第四章 塑化剂检测技术的研究现状

（续表）

检测方法	优点	缺点	文献
荧光分析法	信号输出快、方便携带，可与其他快速检测方法联合使用	需要专业设备的支持	宋玮，2021
电化学传感检测法	简单快速、成本低、便携、专一性高	需开发丰富多样的合成修饰材料	Zhang，2023

参考文献

白金阳，2023. 邻苯二甲酸酯类塑化剂检测及生态和人群健康风险评估 [D]. 海口：海南医学院.

贺诗意，张蕊，周明慧，等，2024-11-01. 植物油中邻苯二甲酸酯类塑化剂检测技术研究现状 [J/OL]. 中国油脂，1-12. https：//doi.org/10.19902/j.cnki.zgyz.1003-7969.230534.

梅秀明，吴肖肖，蒋迪尧，等，2022. 液相色谱-串联质谱高通量检测酸乳中多种塑料添加剂的迁移量 [J]. 食品科技，47（1）：304-311.

邱爽，宋明明，刘畅，2023. 邻苯二甲酸酯的生殖毒性及分子机制研究进展 [J]. 生命科学，35（7）：935-946.

阮小娇，盛华栋，周玮，等，2020. 固相萃取净化-气相色谱-三重四极杆串联质谱法同时测定奶粉中多氯联苯和邻苯二甲酸酯 [J]. 质谱学报，41（3）：278-289.

宋玮，钱群丽，卢阳阳，等，2021. 基于荧光纳米传感的 DEHP 快速检测方法研究 [J]. 江西师范大学学报（自然科学版），45（4）：432-437.

孙雅楠，叶丽斯，罗豪杰，等，2024-11-01. 我国邻苯二甲酸酯暴露水平与健康效应研究进展 [J/OL]. 环境化学，1-18. http：//kns.cnki.net/kcms/detail/11.1844.X.20240925.1602.002.html.

王金翠，王晰锐，2022. 气相色谱-三重四极杆串联质谱法同时测定乳粉中 22 种邻苯二甲酸酯 [J]. 食品工业科技，43（5）：280-285.

王敬，艾连峰，马育松，等，2019. 气相色谱-三重四极杆质谱法测定液体乳及乳粉中的 17 种邻苯二甲酸酯类增塑剂 [J]. 食品安全质量检测学报，10（4）：1009-1017.

王笑妍，薛燕波，者东梅，等，2019. 邻苯二甲酸酯类增塑剂概况及法

规标准现状 [J]. 中国塑料，33（6）：95-105.

向成艳，唐晓倩，张奇，等，2023. 食品中邻苯二甲酸酯类塑化剂检测技术研究进展 [J]. 中国油料作物学报，45（5）：1073-1081.

许兵兵，李晓敏，张庆合，等，2018. 气相色谱-串联质谱法测定婴儿奶粉中 16 种邻苯二甲酸酯类化合物 [J]. 色谱，36（8）：786-794.

于玲，邢翠娟，何旭，等，2020. 磁性氧化石墨烯的制备及用于乳制品中邻苯二甲酸酯类塑化剂的测定 [J]. 食品科学，41（10）：317-323.

曾琴，张晶晶，李聪，等，2024-11-06. 植物油中邻苯二甲酸酯来源和检测研究进展 [J/OL]. 中国油脂，1-13. https：//doi.org/10.19902/j.cnki.zgyz.1003-7969.230212.

张玉环，雷亚楠，鲁皓，等，2021，食品中邻苯二甲酸酯类塑化剂的检测技术研究进展 [J]. 食品安全质量检测学报，12（1）：202-209.

朱正意，薛永，宋科，等，2024. 酞酸酯在农田土壤中的迁移转化行为和毒性效应 [J]. 生态与农村环境学报，40（7）：854-864.

(1996-12) [2024-11-03] Phthalate Esters by Gas Chromatography with Electron Capture Detection (GC/ECD) [EB/OL]. https：//www.epa.gov/hw-sw846/sw-846-test-method-8061a-phthalate-esters-gas-chromatography-electron-capture-detection.

ADENUGA A A, AYINUOLA O, ADEJUYIGBE E A, et al., 2020. Biomonitoring of phthalate esters in breast-milk and urine samples as biomarkers for neonates' exposure, using modified quechers method with agricultural biochar as dispersive solid-phase extraction absorbent [J]. Microchem J, 152 (1): 113092.

AN J, KIM Y Y, CHO H D, et al., 2020. Development and investigation of a QuEChERS-based method for determination of phthalate metabolites in human milk [J]. J Pharmaceut Biomed, 181 (1): 113092.

CAO X L, SPARLING M, ZHAO W, et al., 2021. GC-MS analysis of phthalates and di-(2-thylhexyl) adipate in canadian human milk for exposure assessment of infant population [J]. J AOAC INT, 104 (1): 98-102.

CINELLI G, AVINO P, NOTARDONATO I, et al., 2013. Rapid analysis of six phthalate esters in wine by ultrasound-vortex-assisted dispersive liquid-liquid micro-extraction coupled with gas chromatography-flame ionization detector or gas chromatography-ion trap mass spectrometry [J]. Anal Chim Acta, 769: 72-78.

CROMWELL B, DUBNICKA M, DUBRAWSKIi S, et al., 2019. Identification of 15 phthalate esters in commercial cheese powder via cyclodextrin-promoted fluorescence detection [J]. Acs Omega, 4 (16): 17009-17015.

EFSA Panel on Food Contact Materials, Enzymes and Processing Aids (CEP). (2019-12-11) [2024-11-02] Update of the risk assessment of di-butylphthalate (DBP), butyl-benzyl-phthalate (BBP), bis (2-ethylhexyl) phthalate (DEHP), di-isononylphthalate (DINP) and di-isodecylphthalate (DIDP) for use in food contact materials [EB/OL]. https://efsa.onlinelibrary.wiley.com/doi/full/10.2903/j.efsa.2019.5838#efs25838-bib-0045.

GAO T, WANG J M, HAO L, et al., 2018. A magnetic knitting aromatic polymer as a new sorbent for use in solid-phase extraction of organics [J]. Microchem Acta, 185 (12): 3085.

GUO L, LEE H K, 2013. Vortex-assisted micro-solid-phase extraction followed by low-density solvent based dispersive liquid-liquid microextraction for the fast and efficient determination of phthalate esters in river water samples [J]. J Chromatogr A, 1300: 24-30.

HOU F Y, CHANG Q Y, WAN N N, et al., 2022. A novel porphyrin-based conjugated microporous nanomaterial for solid-phase microextraction of phthalate esters residues in children's food [J]. Food Chem, 388 (1): 133015.

HUANG D K, LIU Z H, WAN Y P, et al., 2023. Analysis and contamination levels of ten phthalic acid esters (PAEs) in Chinese commercial bubble tea: a comparison with commercial milk [J]. Environ Sci Pollut R, 30 (46): 103153-103163.

JIANG X X, SUN Y N, ZHANG C, et al., 2022. Synthesis of SiO_2@MOF-199 as a fiber coating for headspace solid-phase microextraction of phthalates in plastic bottled milk [J]. Chromatographia, 85 (9): 851-863.

KING R, GRAU-BOVÉ J, CURRAN K, et al., 2020. Plasticiser loss in heritage collections: its prevalence, cause, effect, and methods for analysis [J]. Heritage Science, 8 (1): 123-139.

LI L, ZHANG M C, 2020. Development of immunoassays for the determination of phthalates [J]. Food Agr Immunol, 31 (1): 303-316.

LU Y J, WANG B C, WANG C L, et al., 2019. A covalent organic framework-derived hydrophilic magnetic graphene composite as a unique platform for detection of phthalate esters from packaged milk samples [J]. Chromatographia, 82 (7): 1089-1099.

MA J K, WEI S L, TANG Q, et al., 2022. A novel enrichment and sensitive method for simultaneous determination of 15 phthalate esters in milk powder samples [J]. LWT-Food Sci Technol, 153 (1): 112416.

MIRZAJANIA R, KARDANIA F, RAMEZANIi Z, 2020. Fabrication of UMCM-1 based monolithic and hollow fiber-Metal-organic framework deep eutectic solvents/molecularly imprinted polymers and their use in solid phase microextraction of phthalate esters in yogurt, water and edible oil by GC-FID [J]. Food Chem, 314 (1): 126179.

PAN A, ZHANG C, GUO M, et al., 2022. Fabrication of magnetic covalent organic framework for efficient extraction and determination of phthalate esters in milk samples [J]. J Sep Sci, 45 (15): 3014-3021.

PANG Y H, YUE Q, HUANG Y Y, et al., 2020. Facile magnetization of covalent organic framework for solid-phase extraction of 15 phthalate esters in beverage samples [J]. Talanta, 206.

POURREZA N, ZADEH-DABBAGH R, 2021. Vortex-assisted dispersive solid-phase extraction using schiff-base ligand anchored nanomagnetic iron oxide for preconcentration of phthalate esters and determination by gas chromatography and flame ionization detector [J]. Anal Sci, 37 (9): 1213-1220.

SHAH S I, NOSHEEN S, ABBAS M, et al., 2024. Determination of Phthalate Esters in Beverages and Milk Using High Performance Liquid Chromatography (HPLC) [J]. Pol J Environ Stud, 33 (1): 837-846.

SUN R Y, ZHUANG H S, 2015. An indirect competitive biotin-streptavidin enzyme-linked immunosorbent assay for the determination of dimethyl phthalate (DMP) in milk and milk products [J]. J Environ Sci Heal B, 50 (4): 275-284.

United States Environmental Protection Agency (USEPA) (2023-02) [2024-11-03]. Draft Proposed Approach for Cumulative Risk Assessment of High-Priority Phthalates and a Manufacturer-Requested Phthalate under the Toxic Substances Control Act [EB/OL]. https://www.epa.gov/assessing-and-managing-chemicals-under-tsca/phthalates.

WANG X L, LU Y G, SHI L Y, et al., 2020. Novel low viscous hydrophobic deep eutectic solvents liquid-liquid microextraction combined with acid base induction for the determination of phthalate esters in the packed milk samples [J]. Microchem J, 159.

World Health Organization. (2023-07-27) [2024-11-02]. 全球化学品统一分类和标签制度，第十修订版 [EB/OL]. https://unece.org/transport/dangerous-goods/ghs-rev10-2023.

YU Y H, KUANG M Y, ZHENG B H, et al., 2022. Detection of multiple endocrine-disrupting chemicals in milk: Improved and safe high performance liquid chromatography tandem mass spectrometry method [J]. J Sep Sci, 45 (9): 1538-1549.

ZHANG C, ZHOU J, MA T, et al., 2023. Advances in application of sensors for determination of phthalate esters [J]. Chinese Chem Lett, 34 (4): 117-130.

ZHANG Z H, LUO L J, CAI R, et al., 2013. A sensitive and selective molecularly imprinted sensor combined with magnetic molecularly imprinted solid phase extraction for determination of dibutyl phthalate [J]. Biosens Bioelectron, 49: 367-373.

第五章
奶畜及乳制品生产中塑化剂的应用及风险

第一节 奶畜养殖过程中塑化剂的潜在风险

一、饲料污染

在奶畜养殖过程中,饲料作为奶畜生长发育的重要物质基础,其质量和安全至关重要。然而,近年来,饲料污染问题日益凸显,尤其是塑化剂的污染,已经成为影响乳制品质量的一个不容忽视的因素。塑化剂是一种常用的化学物质,广泛应用于塑料制品中。在饲料的生产、运输和储存过程中,部分塑化剂可能会渗透进饲料中。这些塑化剂随着饲料进入奶畜体内,不仅影响奶畜的生长发育,还可能通过乳制品进入人体,对人类健康产生潜在威胁。

农膜,一种看似普通的农业生产材料,在我国农业生产中发挥着至关重要的作用。它被誉为"农业生产的第四大要素",仅次于种子、化肥和农药。然而,随着农膜的大量使用,其所带来的环境问题也逐渐凸显出来。其中,农膜中的塑化剂污染尤为引人关注。塑化剂是一种重要的农用薄膜添加剂,能够增加农膜的柔韧性和耐用性。然而,塑化剂在环境中易释放并污染土壤和水资源,对农业生态系统造成潜在威胁(朱汉斌,2021)。

农业用地膜、滴灌带等塑料制品在阳光暴晒下,易产生塑化剂残留。这些残留物可能随雨水、灌溉水进入土壤,从而使得土壤中的塑化剂含量增加。植物在生长过程中,吸收土壤中的水分和养分,同时也可能吸收到塑化剂。饲料在种植过程中会使用塑料地膜,而在采集后的植物上也常常带有塑料地膜。这就意味着,植物上可能存在塑化剂残留,尤其是 DEHP 这种常见的塑化剂。然而,如果饲料中存在 DEHP 残留,那么这些塑化剂就会随着饲料进入奶畜体内,进而影响乳制品的质量(路珍珍,2019)。

在饲料存储、存放时,使用的塑料制品(如饲料袋、仓储设施等)也可能含有塑化剂。这些塑料制品在存储过程中，塑化剂可能逐渐释放到饲料中，使得饲料中塑化剂含量增加。在饲料生产过程中，可能会混入地膜、滴灌带等塑料制品的杂质。这些杂质在饲料中可能未被完全分解，从而导致饲料中塑化剂含量增加。

二、水源污染

在动物饮水管线中，部分塑料制品可能并非食品级，这些非食品级塑料制品在动物饮水过程中可能会释放出塑化剂。除了饮水管线中的非食品级塑料制品外，环境中也可能存在塑化剂的残留。在动物饮水过程中，这些残留的塑化剂可能会进入水体，从而增加动物饮水中的塑化剂含量。环境中塑化剂的来源包括工业排放、生活污水排放等。奶畜饮用水中可能含有塑化剂，这些塑化剂主要来源于塑料制品的降解以及农业、工业排放的废水。在水生态环境中，PAEs塑化剂的溶解度与其烷基链侧链长度和分子量有很大关系。烷基链侧链越短、分子量越低，塑化剂越易溶于水。在水生态环境中，未被沉积物吸附或结合的PAEs塑化剂，一般呈透明油状，漂浮于水面（熊希瑶等，2021）。PAEs塑化剂可通过直接或间接途径进入地表水和地下水中。

1. 直接途径

（1）固体废弃物：在城市和农村地区，大量固体废弃物中含有PAEs塑化剂，如塑料袋、塑料瓶等。这些固体废弃物在自然条件下分解速度较慢，容易通过雨水冲刷、土壤浸润等方式进入地表水和地下水。

（2）大棚塑料薄膜：在我国北方地区，大棚种植面积较大，塑料薄膜的使用量也较大。在雨水冲刷和土壤侵蚀的作用下，塑料薄膜中的PAEs塑化剂容易进入地表水和地下水。

（3）工业废水和生活污水：工业生产和居民生活中产生的废水中含有大量PAEs塑化剂。这些废水未经处理直接排放，会导致地表水和地下水中的PAEs塑化剂含量增加。

2. 间接途径

（1）大气传输：PAEs塑化剂可通过大气传输进入水生态环境。在大气中，这些有机化合物以气溶胶的形式存在，通过雨水淋洗或干沉降转移到地表水环境中。

（2）生物富集：水生生物在摄入含有PAEs塑化剂的食物时，容易将这些塑化剂积累在体内。随着食物链的传递，PAEs塑化剂在生物体内逐渐富集，最终影响整个水生态环境。

三、环境污染

奶畜活动场地是奶畜日常生活的主要场所，塑料污染物的存在对奶畜的健康产生极大影响。在牧场放牧养殖过程中这些塑料污染物主要包括塑料袋、塑料瓶等生活垃圾。奶畜在采食过程中，可能会误食这些塑料制品，导致消化系统受损。部分饲养场为了提高奶畜的生活质量，会在活动场地放置塑料玩具、装饰品等。这些塑料制品在长期使用过程中，可能会出现破损、老化，产生塑料碎片。奶畜在玩耍或采食过程中，可能会误食这些塑料碎片。兽医用药是保障奶畜健康的重要环节。然而，在使用兽医药品后，塑料包装污染物也随之产生。兽医用药后，塑料药瓶、药袋等包装物往往被丢弃在饲养环境中。这些塑料制品在长时间的风吹日晒下，可能会破碎成小块，奶畜在采食过程中，可能会误食这些塑料碎片。兽医在给奶畜注射药品时，塑料注射器、针头等也是常见的污染物。这些塑料制品在使用后，可能会被随意丢弃，成为奶畜误食的对象。

在奶畜养殖场周边，一些企业可能排放含有塑化剂的工业废弃物，如废水、电气和固体废物。这些废弃物可能直接进入土壤、空气和水源，导致环境污染。比如，焚烧塑料垃圾等会产生 PAEs 和 AEs（Kong 等，2013），经过挥发形成空气中悬浮着的塑化剂，再通过水等途径进入地表、动物或植物体内（Li 等，2012），最终经过食物链传导致使乳品中存在塑化剂类物质（宋广宇等，2010）。农业生产过程中，农药、化肥等化学品的广泛使用，也可能导致塑化剂进入环境。例如，一些农药和化肥中含有塑化剂成分，施用后可能通过雨水冲刷进入土壤和水源（陆嘉俊等，2023）。

与基质材料混合的 PAEs 塑化剂也可直接释放到大气中，气态分子的形式存在的 PAEs 塑化剂可沉积并直接吸附在大气颗粒上，再通过降雨将大气中的 PAEs 塑化剂迁移到地表水中，导致其在河流、湖泊及沉积物中广泛分布（Annamalai 等，2015；Teil 等，2010）。

四、垫料污染

圈舍垫料是奶畜休息、躺卧的场所，塑料污染物的存在同样不容忽视（陈君雪，2024）。这些塑料污染物主要包括：在圈舍垫料中，塑料地膜是一种常见的污染物。地膜在风吹日晒的过程中，容易破碎成小块。奶畜在躺卧、翻滚时，可能会误食这些塑料碎片。在圈舍垫料中，塑料绳索、打包带等也是常见的污染物。这些塑料制品在长时间使用过程中，可能会断裂、破

第五章 奶畜及乳制品生产中塑化剂的应用及风险

损,产生塑料碎片。奶畜在躺卧、翻滚时,同样可能误食这些塑料碎片。

五、奶厅设施污染

在现代乳业生产中,挤奶厅的卫生与安全至关重要。生乳直接接触的设备、工器具、容器及其附件,如奶罐、奶泵喷淋头、集乳器、奶衬、密封圈等,都承担着保证奶品质的重要作用。然而,如果这些设备、容器是由不合格塑料制品制成或未定期更换配件导致老化,将严重增加塑化剂的暴露风险,对人类健康构成潜在威胁。在挤奶厅中,设备老化是一个普遍现象。长期使用、不当维护或未定期更换配件,都可能导致设备的老化。老化的设备容易出现裂缝、破损,甚至变形,从而导致生乳与塑化剂直接接触。不合格塑料制品在挤奶厅中的使用也是一个严重问题。一些不法商家为了降低成本,使用劣质原材料生产设备、容器等,这些不合格塑料制品在高温、高压等条件下容易释放出塑化剂,从而污染生乳。奶罐、奶泵是挤奶厅中最重要的设备之一。不合格的塑料制品或老化设备在高温、高压条件下,塑化剂容易溶出,进入生乳中。消费者长期食用含有塑化剂的牛奶,将对健康产生不良影响。喷淋头、集乳器等设备在挤奶过程中,负责将生乳收集起来。如果这些设备老化或使用不合格塑料制品,生乳在流动过程中容易受到塑化剂的污染。奶衬、密封圈等容器配件在保证奶品质方面具有重要作用。不合格的塑料制品或老化配件在高温、高压条件下,容易导致塑化剂溶出,进而污染生乳(于燚等,2022;Laurence等,1990)。

六、奶厅常用耗材污染

挤奶厅使用劣质的手套和药浴杯等如果是非食品级塑料制品,以及使用劣质的乳头药浴液,均可能导致塑化剂污染。在挤奶过程中,工作人员通常会佩戴手套,使用药浴杯等工具(张海峰,2020)。如果这些工具是由非食品级塑料制品制成,其中含有的塑化剂(如邻苯二甲酸酯类物质)就可能在使用过程中释放出来,进而污染牛奶。乳头药浴液是用于挤奶前后对奶牛乳头进行清洁和消毒的液体。劣质的乳头药浴液中可能含有较多的塑化剂,这些塑化剂在药浴过程中进入牛奶,从而污染生乳。

第二节 乳品加工过程中塑化剂的潜在风险

一、原料乳

（一）运输过程中塑化剂的污染

原料乳运输到加工厂的过程中可能会接触到一些含有塑化剂的材料。比如运输车辆内部使用的塑料衬垫、塑料捆绑带等，如果这些材料含有塑化剂，在颠簸、振动等情况下，塑化剂可能会接触并污染乳制品。

（二）收集过程中塑化剂的污染

在收集原料乳时，若使用了含有塑化剂的塑料容器，塑化剂可能会迁移到原料乳中。例如，一些劣质塑料桶，在盛装原料乳时，塑化剂会随着时间和温度等条件的变化，逐渐溶出到乳中。

二、添加剂

如果在加工过程中添加的一些辅料或者添加剂本身受到塑化剂污染，就会导致乳制品污染。例如，某些乳化剂、稳定剂等添加剂在生产过程中接触了含有塑化剂的塑料制品，就可能携带塑化剂进入乳制品。

三、水源

乳品加工厂生产用水可能受到塑化剂污染，加工厂使用的水源如果受到塑化剂污染，会在乳品加工过程中引入塑化剂。地下水污染：塑料制品的填埋、焚烧等处理方式可能导致塑化剂渗入地下水中。自来水污染：自来水管道老化、维修过程中可能使用含塑化剂的胶黏剂，导致水质受到污染，过滤后的水仍然含有塑化剂。

四、加工设备

（一）塑料管道和密封垫片

在乳品生产加工过程中，塑料管道常用于输送液体原料、半成品和成品。塑料管道和密封垫片在生产过程中可能加入了塑化剂，以增强其柔韧性和密封性能。塑化剂如邻苯二甲酸酯等，可能在垫片材料中以非化学键合状态潜藏，这使得它们容易迁移到接触的乳制品中。如果塑料管道和密封垫片的质量不佳，或者长期使用而未进行适当的清洁和维护，塑化剂可能会从管道内壁逐渐释放出来，污染乳品。特别是在高温、高压等条件下，塑化剂的迁移速度会加快。例如，在高温杀菌环节，塑化剂释放速度加快，污染乳品风险成倍增加。

（二）塑料托盘

在乳品生产加工过程中，塑料托盘常用于搬运和存储原料、半成品和成品。如果塑料托盘的质量不佳，或者长期使用而未进行适当的清洁和维护，塑化剂可能会从托盘表面逐渐释放出来，污染乳品。例如，当托盘表面受到摩擦、挤压或高温等因素影响时，塑化剂更容易迁移出来。

（三）传送带

传送带是乳品生产加工过程中的重要设备之一，用于输送原料、半成品和成品。如果传送带的材质不符合要求，或者长期使用而未进行适当的清洁和维护，塑化剂可能会从传送带表面或内部迁移出来，污染乳品。此外，传送带的速度、张力等因素也可能影响塑化剂的迁移速度。

（四）操作器具

操作器具如搅拌器、勺子、铲子等在乳品生产加工过程中也会与乳品直接接触。如果操作器具的材质不符合要求，或者长期使用而未进行适当的清洁和维护，塑化剂可能会从器具表面逐渐释放出来，污染乳品。

五、清洗剂和消毒剂残留

在乳品加工过程中，清洗剂和消毒剂的使用是必要的，但它们也可能成为塑化剂的来源。一些清洗剂和消毒剂的化学成分可能含有塑化剂，用于提高产品的性能。如果清洗剂和消毒剂使用不当或未彻底冲洗，可能导致塑化剂残留在设备或产品中。因此，选择不含塑化剂的清洗剂和消毒剂，并确保正确使用和彻底冲洗，是防止塑化剂污染的关键。

六、环境因素

乳品加工厂周围的环境也可能成为塑化剂污染的来源。如果加工厂位于工业区，空气中的塑化剂可能通过空气传播进入乳品，通过环境监测和风险管理，可以识别和控制这些外部污染源。

七、乳品加工过程中影响塑化剂迁移的因素

（一）温度

温度是影响塑化剂迁移的重要因素之一。一般来说，温度越高，塑化剂的迁移速度越快。在乳品生产加工过程中，高温杀菌、加热浓缩等环节的温度较高，可能会加速塑化剂从塑料器具中迁移出来。例如，当温度从室温升高到80℃时，邻苯二甲酸酯类塑化剂的迁移速度可能会增加数倍甚至数十倍。

（二）时间

时间也是影响塑化剂迁移的因素之一。一般来说，接触时间越长，塑化剂的迁移量越大。在乳品生产加工过程中，如果塑料器具与乳品长时间接触，塑化剂就有可能逐渐迁移到乳品中。例如，在存储过程中，如果塑料托盘或容器与乳品接触时间过长，塑化剂的迁移量就会增加。

（三）塑料材质

不同的塑料材质对塑化剂的迁移能力也不同。一般来说，聚氯乙烯（PVC）、聚乙烯（PE）、聚丙烯（PP）等塑料材质中含有较高含量的塑化剂，且塑化剂的迁移能力较强。而聚苯乙烯（PS）、聚碳酸酯（PC）等塑料材质中塑化剂的含量较低，且塑化剂的迁移能力较弱。

（四）乳品特性

乳品的特性也会影响塑化剂的迁移。例如，乳品的酸度、脂肪含量、水分含量等因素都会影响塑化剂的迁移速度和迁移量。一般来说，酸度较高、脂肪含量较高、水分含量较低的食品更容易吸收塑化剂。

八、乳品生产加工环节中塑化剂污染的防控措施

（一）选择合适的塑料材质器具

在乳品生产加工过程中，应选择符合国家标准的塑料材质器具，尽量避免使用含有较高含量塑化剂的塑料材质。例如，可以选择聚苯乙烯（PS）、聚碳酸酯（PC）等塑料材质的器具，这些材质中塑化剂的含量较低，且塑化剂的迁移能力较弱。同时，应选择质量可靠、信誉良好的供应商，确保塑料材质器具的质量安全。

（二）加强塑料材质器具的清洁和维护

定期对塑料材质器具进行清洁和维护，及时清除器具表面的污垢和残留物，减少塑化剂的释放和迁移。在清洁过程中，应使用合适的清洁剂和清洁

第五章 奶畜及乳制品生产中塑化剂的应用及风险

方法,避免使用强酸、强碱等腐蚀性清洁剂,以免损坏塑料材质器具。此外,还应定期对塑料材质器具进行检查和维护,及时发现和更换损坏的器具,确保器具的正常使用。

(三) 控制生产加工过程中的温度和时间

在乳品生产加工过程中,应严格控制高温杀菌、加热浓缩等环节的温度和时间,避免温度过高或时间过长导致塑化剂的加速迁移。例如,可以采用低温杀菌、快速加热等技术,减少塑化剂的迁移风险。同时,还应合理安排生产加工流程,尽量缩短塑料材质器具与乳品的接触时间,降低塑化剂的迁移量。

(四) 加强质量检测和监控

建立健全质量检测和监控体系,加强对乳品生产加工过程中塑化剂的检测和监控。定期对塑料材质器具、原料、半成品和成品进行检测,及时发现和处理塑化剂污染问题。同时,还应加强对生产加工环境的监测,确保生产加工环境符合卫生要求,减少塑化剂的污染风险。

(五) 增强员工的质量意识和操作技能

加强对员工的培训和教育,增强员工的质量意识和操作技能。让员工了解塑化剂污染的危害和防控措施,掌握正确的操作方法和清洁维护技巧,确保生产加工过程中的质量安全。同时,还应建立健全质量管理体系,加强对员工的监督和考核,确保各项防控措施得到有效落实。

第三节 乳制品包装过程中塑化剂的潜在风险

一、包装材料采购与存储环节

乳制品作为日常消费品,其质量安全至关重要。包装材料作为乳制品的直接接触物,其中塑化剂的应用情况在采购和存储环节直接关系到乳制品的品质与安全。不当的塑化剂应用可能导致塑化剂迁移至乳制品中,对消费者健康造成潜在危害。

(一) 乳制品包装材料采购环节中的塑化剂问题

1. 采购标准与塑化剂限值

在采购乳制品包装材料时,企业需依据严格的国家标准和行业规范。对于塑化剂,如欧盟、美国和我国都对食品包装材料中塑化剂的种类、使用范围和迁移限量有着明确规定。采购人员应确保所采购的包装材料符合这些标准，限制使用如邻苯二甲酸酯类等高风险塑化剂。

2. 不同类型包装材料中的塑化剂情况

（1）塑料包装材料。塑料是乳制品包装的常用材料之一，如聚对苯二甲酸乙二醇酯（PET）、聚乙烯（PE）、聚丙烯（PP）等。PET瓶在生产过程中可能需要添加少量塑化剂来改善其加工性能，但必须严格控制用量和种类。PE和PP通常具有较好的柔韧性和化学稳定性，对塑化剂的依赖相对较小，但也需注意其原材料来源和加工工艺，防止受到塑化剂污染。

（2）复合材料包装。许多乳制品采用复合材料包装，如纸塑复合、铝塑复合等。在这些复合材料中，塑料层可能含有塑化剂。在采购此类包装材料时，要关注不同材料之间的黏合剂以及塑料层的塑化剂使用情况，确保在储存和使用过程中塑化剂不会迁移至乳制品中。

（二）乳制品包装材料存储环节中塑化剂的稳定性

1. 温度对塑化剂的影响

存储温度是影响包装材料中塑化剂稳定性的重要因素。高温环境会加速塑化剂分子的运动，增加其从包装材料向乳制品迁移的可能性。例如，在夏季高温条件下，如果包装材料存储不当，如在没有温度控制的仓库中露天堆放，塑化剂迁移的风险将显著提高。

2. 湿度和光照对塑化剂的影响

高湿度环境可能会导致包装材料吸湿，从而改变其物理和化学性质，影响塑化剂的稳定性。此外，长时间的光照，尤其是紫外线照射，可能会引发包装材料中某些成分的降解，进而影响塑化剂的存在状态，增加其迁移风险。因此，存储乳制品包装材料的仓库应保持适宜的湿度，并避免阳光直射。

（三）总结

在乳制品包装材料的采购与存储环节，严格控制塑化剂的应用对于保障乳制品安全至关重要。企业应在采购时遵循相关标准，选择合适的包装材料，在存储过程中保持良好的环境条件，以最大程度地减少塑化剂迁移至乳制品中的风险，确保消费者能够享用到安全、优质的乳制品。同时，监管部门也应加强对这两个环节的监督，保障行业健康发展。

二、乳制品灌装环节

乳制品灌装是生产过程中的关键步骤，在此环节中，塑化剂的存在与应用情况直接关系到乳制品的品质和消费者的健康。随着人们对食品安全的关注度不断提高,深入研究这一环节的塑化剂问题具有重要意义。

(一) 灌装设备中塑化剂的潜在来源

1. 管道与管件材料

乳制品灌装通常涉及复杂的管道系统来输送产品。一些塑料材质的管道,如聚氯乙烯(PVC)管道,在其生产过程中可能添加了塑化剂以增加柔韧性。当乳制品流经这些管道时,在一定条件下,塑化剂可能会逐渐渗出并混入乳制品中。即使是其他材质如聚乙烯(PE)或聚丙烯(PP)管道,如果在生产过程中受到污染或使用了不合格的原材料,也可能引入微量塑化剂。

2. 阀门与密封件

阀门和密封件是灌装设备的重要组成部分,用于控制乳制品的流动和密封。许多阀门和密封件采用橡胶或塑料材质,其中部分可能含有塑化剂。例如,一些橡胶密封垫圈为了达到良好的密封性能和弹性,可能在生产过程中添加了塑化剂,在与乳制品长期接触过程中,塑化剂有迁移的风险。

(二) 塑化剂对乳制品质量的潜在影响

1. 对乳制品成分的影响

塑化剂的混入可能改变乳制品的化学组成。它可能与乳制品中的脂肪、蛋白质等成分发生相互作用,影响其稳定性。例如,某些塑化剂可能会导致乳制品中的脂肪球聚集或蛋白质变性,从而影响乳制品的口感、质地和营养价值。

2. 对消费者健康的危害

长期摄入含有过量塑化剂的乳制品会对消费者健康造成严重威胁。塑化剂可能干扰人体内分泌系统,影响生殖系统、免疫系统等正常功能,尤其是对儿童和孕妇等特殊人群的危害更大。

(三) 灌装环节塑化剂的控制措施

1. 设备材料的选择与检测

在灌装设备的采购环节,应优先选择不含或低含量塑化剂的管道、阀门和密封件材料。例如,可以选用新型的环保塑料或金属材质替代传统易含塑化剂的材料。同时,对设备材料进行严格的塑化剂检测,确保其符合食品安全标准,在投入使用前对新设备进行全面的塑化剂残留检测。

2. 定期设备维护与清洁

建立定期的设备维护计划,对灌装设备进行检查和清洁。及时更换老化或受损的管道、阀门和密封件,减少因设备磨损导致塑化剂渗出的可能性。

在清洁过程中，采用合适的清洁试剂和方法，确保能够有效去除可能残留的塑化剂。

3. 生产环境监控

对灌装环节的生产环境进行监控，包括温度、湿度等因素。适宜的环境条件有助于减少塑化剂迁移的风险，例如，保持相对稳定的低温环境可以降低塑化剂分子的活性，从而降低其从设备向乳制品迁移的速度。

（四）总结

乳制品灌装环节中塑化剂的应用问题需要高度重视。通过对灌装设备中塑化剂来源的深入分析，了解其对乳制品质量和消费者健康的潜在影响，并采取有效的控制措施，可以最大程度地减少塑化剂在这一环节对乳制品的污染，保障乳制品的质量安全，维护消费者的健康权益。同时，行业内也需要不断探索和应用更先进的无塑化剂污染的灌装技术和设备。

三、封口环节

乳制品封口环节是确保产品质量和保质期的关键步骤。在这个过程中，封口材料的选择和使用至关重要，而其中塑化剂的应用情况直接关系到乳制品是否会受到污染，进而影响消费者的健康和产品的市场信誉。

（一）乳制品封口材料中塑化剂的存在形式

1. 塑料封口膜中的塑化剂

塑料封口膜是乳制品封口常用材料之一，如聚乙烯（PE）、聚丙烯（PP）等材质的封口膜。虽然这些材料本身相对稳定，但一些加工工艺可能会添加塑化剂以改善其柔韧性和加工性能。例如，在生产复合塑料封口膜时，为了使不同层之间更好地贴合，可能会使用含有塑化剂的黏合剂或在塑料层中添加塑化剂。此外，一些低成本的封口膜可能会使用质量较差的原材料，其中塑化剂含量和种类更难以控制。

2. 密封胶中的塑化剂

在一些乳制品包装封口处，会使用密封胶来增强密封效果。密封胶的成分复杂，部分密封胶为了达到良好的可塑性和密封性能，会添加塑化剂。这些塑化剂可能在与乳制品接触的过程中，由于温度、压力等因素的作用，逐渐迁移到乳制品中。

（二）塑化剂在封口环节的迁移途径

1. 直接接触迁移

当封口材料与乳制品直接接触时，随着时间的推移，塑化剂分子可能会在浓度差的驱动下，从封口材料向乳制品迁移。尤其是在长时间储存过程中，乳制品中的脂肪、水分等成分可能会加速塑化剂的迁移。例如，在高温环境下储存的乳制品，封口材料中的塑化剂更容易溶解在乳制品的脂肪相中。

2. 间接迁移

在封口过程中，如果封口设备或操作环境受到塑化剂污染，也可能导致塑化剂间接迁移到乳制品中。例如，封口设备上残留的含有塑化剂的润滑油或清洁不当的封口模具，可能在封口操作时与封口材料或乳制品接触，从而将塑化剂引入乳制品。

（三）塑化剂对乳制品安全的影响

1. 食品安全问题

塑化剂进入乳制品后，会对其品质产生不良影响。它可能改变乳制品的口感、风味和外观，使乳制品出现异味、变色或分层等现象。更为严重的是，长期食用含有塑化剂的乳制品会对人体健康造成潜在危害，如影响人体内分泌系统、生殖系统和免疫系统等。

2. 法规与市场影响

乳制品中塑化剂超标违反食品安全法规，一旦被检测出，会导致企业面临严重的法律制裁和声誉损失。消费者对食品安全问题高度敏感，塑化剂事件可能引发消费者对品牌的信任危机，影响乳制品的市场销量和企业的可持续发展。

（四）封口环节塑化剂的控制与监管策略

1. 材料选择与质量控制

企业在选择封口材料时，应优先选用符合食品安全标准、低塑化剂或无塑化剂的材料。建立严格的原材料供应商审核制度，对每批封口材料进行塑化剂含量检测，确保其符合国家或国际相关标准，如欧盟和我国对食品接触材料中塑化剂的限量规定。

2. 设备与环境管理

定期对封口设备进行维护和清洁，使用食品级润滑油，防止设备对封口材料和乳制品造成塑化剂污染。保持封口操作环境的清洁，避免在有塑化剂污染源的环境中进行封口作业。同时，对封口车间的温度、湿度等环境参数进行合理控制，减少塑化剂迁移的风险。

3. 监测与追溯体系

建立完善的塑化剂监测体系，在封口环节以及乳制品成品中定期进行塑化剂检测。一旦发现塑化剂超标问题，能够通过追溯体系迅速确定问题源头，采取有效的纠正措施。此外，加强与监管部门的合作，及时向社会公开产品质量信息，保障消费者的知情权。

（五）总结

乳制品封口环节的塑化剂应用问题是乳制品质量安全领域的重要关注点。通过深入了解封口材料中塑化剂的存在形式、迁移途径以及对乳制品安全的影响，并实施有效的控制和监管策略，可以最大程度地减少塑化剂在这一环节对乳制品的污染，确保乳制品的质量安全，维护消费者的健康和企业的良好声誉，促进乳制品行业的健康发展。

四、贴标环节

乳制品贴标环节看似简单，却对产品质量有着重要影响。在这个过程中，塑化剂的应用与潜在风险不容小觑，因为它可能通过标签间接污染乳制品，危害消费者健康，影响整个乳制品行业的声誉。

（一）乳制品贴标环节中塑化剂的潜在来源

1. 标签材料中的塑化剂

（1）纸质标签

部分纸质标签在生产过程中为了提高柔韧性、光泽度或防水性，可能会使用含有塑化剂的涂层。这些涂层中的塑化剂可能会在与乳制品接触过程中，通过物理接触或环境因素的影响，逐渐迁移到乳制品包装表面，进而对乳制品产生潜在污染。

（2）塑料标签

塑料标签如聚氯乙烯（PVC）、聚乙烯（PE）、聚丙烯（PP）等材质制成的标签，在加工过程中，为了改善其加工性能和物理特性，可能添加塑化剂。尤其是 PVC 标签，其本身对塑化剂的使用较为普遍，若在乳制品贴标中使用不当，塑化剂可能会在储存或运输过程中迁移到乳制品中。

2. 贴标胶水或黏合剂中的塑化剂

在贴标过程中，胶水或黏合剂起着关键作用。一些胶水为了达到良好的粘贴性、柔韧性和耐水性，会添加塑化剂。这些含有塑化剂的胶水在使用过程中，可能会在标签与乳制品包装的接触界面形成塑化剂的迁移通道，使得塑化剂有机会渗入乳制品。

第五章 奶畜及乳制品生产中塑化剂的应用及风险

（二）塑化剂在贴标环节的迁移风险因素

1. 时间因素

随着贴标后乳制品的储存时间增加，塑化剂从标签材料或胶水向乳制品迁移的可能性也会增大。长时间的接触为塑化剂分子的扩散提供了足够的时间，尤其是在长期储存的条件下，如乳制品在仓库中存放数月甚至数年。

2. 温度和湿度

高温环境会加速塑化剂分子的运动，使其更容易从标签材料或黏合剂中逸出并迁移到乳制品。高湿度环境可能会影响标签材料和胶水的性能，改变其物理结构，从而增加塑化剂的迁移速度。例如，在炎热潮湿的夏季，乳制品在运输和储存过程中，贴标环节塑化剂迁移的风险显著提高。

3. 标签与包装的接触紧密度

如果标签与乳制品包装之间粘贴不紧密，存在微小空隙，可能会使空气和水分更容易进入，促进塑化剂的迁移。相反，过紧的粘贴可能会由于压力作用，也会对塑化剂的迁移产生一定影响，特别是在标签与包装摩擦的情况下。

（三）塑化剂对乳制品安全的影响

1. 对乳制品品质的影响

塑化剂迁移到乳制品中可能会改变其口感、气味和外观。例如，可能会使乳制品产生异味，影响消费者的食用体验。同时，可能对乳制品的稳定性产生影响，如导致乳液分层等现象，降低产品的品质。

2. 对消费者健康的危害

消费者长期摄入含有塑化剂的乳制品会对身体造成损害。塑化剂可能干扰人体内分泌系统，影响生殖功能、儿童发育等。尤其是对于一些对塑化剂敏感的人群，如孕妇、儿童和老年人，危害更为严重。

（四）贴标环节塑化剂的控制措施

1. 标签材料和胶水的选择

优先选择不含或低含塑化剂的标签材料和胶水。对于纸质标签，尽量选用环保型涂层或无涂层的纸张。对于塑料标签，选择PE、PP等相对稳定且不易释放塑化剂的材料。在胶水选择上，使用食品级、无塑化剂的黏合剂，确保其符合食品安全标准。

2. 环境控制

在贴标车间，保持适宜的温度和湿度条件。通过空调系统、除湿设备等，将环境温度控制在一定范围内，避免高温高湿环境。同时，对贴标后的乳制品储存环境也进行合理控制，尽量减少温度和湿度的波动，降低塑化剂迁移风险。

3. 质量检测与监控

建立严格的标签材料和胶水的进货检验制度，对每批材料进行塑化剂含量检测。在贴标过程中，定期对贴标后的乳制品进行抽样检测，关注塑化剂的迁移情况。如果发现问题，及时追溯源头，采取相应的整改措施，如更换标签材料或胶水。

（五）总结

乳制品贴标环节中塑化剂的应用问题是乳制品质量保障的重要环节。通过深入了解塑化剂的来源、迁移风险因素以及对乳制品安全的影响，并采取有效的控制措施，可以显著降低塑化剂在贴标环节对乳制品的污染风险，确保消费者能够食用到安全、优质的乳制品，维护乳制品行业的健康发展。同时，随着技术的发展，应不断寻求更环保、更安全的贴标材料和工艺。

五、包装后处理与存储环节

乳制品包装后的处理和存储环节对于产品质量的保持至关重要。在这些环节中，塑化剂的存在和变化可能对乳制品产生污染，进而影响消费者的健康。因此，深入研究这两个环节中塑化剂的应用情况具有重要的现实意义。

（一）乳制品包装后处理环节中塑化剂的情况

1. 杀菌消毒过程对塑化剂的影响

在包装后的杀菌消毒处理中，如高温蒸汽杀菌或紫外线照射等方式，可能会改变包装材料中塑化剂的稳定性。高温条件下，塑化剂分子的活性增加，其与包装材料的结合力可能发生变化。对于一些采用塑料包装的乳制品，如含有 PVC 成分的包装，其中的塑化剂在高温杀菌过程中有更高的迁移风险，可能从包装材料向乳制品内部渗透。

2. 包装整理过程中的塑化剂潜在迁移

在包装后处理的整理过程中，乳制品包装可能会受到挤压、摩擦等机械作用。这些外力可能会破坏包装材料的微观结构，使原本稳定的塑化剂更容易释放出来。例如，当多个包装乳制品在整理运输过程中相互碰撞、挤压时，包装内的压力变化和材料的局部变形可能促使塑化剂向乳制品表面或内部迁移。

（二）存储环节中塑化剂的迁移影响因素

1. 温度的影响

存储温度是影响塑化剂迁移的关键因素之一。在较高温度下，塑化剂分子的热运动加剧，扩散速度加快。无论是常温存储还是冷链中断导致的温度升高，都可能增加塑化剂从包装材料向乳制品迁移的可能性。长时间处于高温环境的乳制品，如在夏季高温运输或存储不当的仓库中，塑化剂污染乳制品的风险显著提高。

2. 湿度的影响

湿度条件也对塑化剂的迁移有重要作用。高湿度环境可能使包装材料吸湿，改变其物理和化学性质。对于一些吸水性较强的包装材料，湿度的增加可能会削弱其对塑化剂的束缚能力，导致塑化剂更容易渗出。同时，湿度变化可能引起包装内表面的微环境改变，促进塑化剂在乳制品表面的吸附和进一步迁移。

3. 存储时间的影响

随着存储时间的延长，塑化剂迁移的累积效应愈发明显。即使在相对稳定存储条件下，长时间的接触也会使塑化剂逐渐从包装材料向乳制品迁移。对于保质期较长的乳制品，这种长期的潜在风险需要更加重视，以确保在整个保质期内乳制品的安全性。

(三) 塑化剂对乳制品安全的影响

1. 对乳制品品质的损害

塑化剂的迁移会改变乳制品的感官特性，如产生异味、改变色泽等。它还可能影响乳制品的化学稳定性，导致脂肪氧化、蛋白质变性等问题，降低乳制品的营养价值和品质。例如，受塑化剂污染的乳制品可能出现口感变差、沉淀或分层等现象。

2. 对消费者健康的潜在危害

摄入含有过量塑化剂的乳制品会对消费者健康造成严重威胁。塑化剂可能干扰人体内分泌系统，影响生殖功能、发育情况及免疫系统。长期食用受污染的乳制品可能导致激素失衡、生殖障碍、儿童发育异常等健康问题，尤其是对敏感人群如儿童、孕妇和老年人危害更大。

(四) 包装后处理与存储环节塑化剂的防控策略

1. 优化后处理工艺

在杀菌消毒过程中，选择合适的杀菌方式和参数，尽量减少对包装材料中塑化剂稳定性的影响。例如，可以探索低温长时间杀菌技术或新型非热杀菌方法，降低高温对塑化剂迁移的促进作用。在包装整理过程中，优化运输和整理流程，减少包装的挤压和摩擦，通过合理的包装设计和设备改进，保持包装的完整性。

2. 严格控制存储条件

建立完善的温度和湿度监控系统，确保乳制品在存储和运输过程中的环境条件稳定。对于需要冷链运输和存储的乳制品，加强冷链管理，防止温度波动。同时，控制存储环境的湿度，可采用除湿设备或选择具有良好防潮性能的包装材料，减少湿度对塑化剂迁移的影响。

3. 加强质量检测与监管

在包装后处理和存储环节，定期对乳制品进行塑化剂含量检测。建立严格的质量追溯体系，一旦发现塑化剂超标问题，能够迅速追溯到生产批次和环节，采取相应的处理措施。监管部门应加强对乳制品生产企业这两个环节的监督检查，确保企业严格执行相关标准和规范。

（五）总结

乳制品包装后处理与存储环节中塑化剂的应用问题关系到乳制品的质量和消费者的健康。通过深入研究这两个环节中塑化剂的变化情况、影响因素以及防控策略，可以有效降低塑化剂迁移带来的风险，保障乳制品行业的健康发展，为消费者提供安全、优质的乳制品。未来，还需要进一步探索更安全的包装材料和更先进的后处理与存储技术，以应对潜在的塑化剂问题。

参考文献

陈君雪，2024. 乳牛用畜牧橡胶垫质量需求探究［J］. 福建畜牧兽医，46（4）：81-83.

陆嘉俊，2023. 果树袋装肥的制备及其缓释性能研究［D］. 杭州：浙江农林大学.

路珍珍，2019. 奶牛散户养殖场塑料器具使用情况调查及塑化剂 DEHP 对雌性动物繁殖力不良影响的初步探究［D］. 杨凌：西北农林科技大学.

宋广宇，代静玉，胡峰，2010. 邻苯二甲酸酯的研究在不同类型土壤-植物系统中的累积特制研究［J］. 农业环境科学学报，29（8）：1502-1508.

熊希瑶，贺聪聪，焦啸宇，等，2021. 水生态环境中邻苯二甲酸酯（PAEs）塑化剂的赋存及行为归趋［J］. 中南民族大学学报（自然科学版）（3）：238-245.

于燚，李鑫，2022. 挤奶设备终端发展概况［J］. 中国奶牛（6）：38-43.

张海峰. 2020. 规模化奶牛场挤奶厅操作流程及规范 [J]. 畜牧兽医科技信息 (2): 87-88.

朱汉斌, 2021. 新研究"起底"我国农业"白色污染" [N]. 中国科学报, 10-22 (004).

ANNAMALAI J, NAMASIVAYAM V, 2015. Endocrine disrupting chemicals in the atmosphere: Their effects on humans and wildlife [J]. Environ Int, 76: 78-97.

KONG S F, JI Y Q, LIU L L, et al., 2013. Spatial and temporal variation of phthalic acid esters (PAEs) in atmospheric PM 10 and PM 2.5 and the influence of ambient temperature in Tianjin, China [J]. Atmospheric Envrionment, 74 (4): 199-208.

LAURENCE C, JOHN G, EKLUND T, 1990. Migration of plasticizer from poly (vinyl chloride) milk tubing [J]. Food additives and contaminants, 7 (5): 591-596.

LI C, ZHAO Y, LI L X, et al., 2012. Exposure assessment of phthalates in non-occupational populations in China [J]. Science of the Total Environment, 428: 60-69.

TEIL M J, BLANCHAR D M, DAR GNAT C, et al., 2010. Occurrence of phthalate diesters in rivers of the Paris district (France) [J]. Hydrol Process, 21 (18): 2515-2525.

第六章
乳品塑化剂的研究现状

第一节 婴幼儿乳粉中塑化剂研究现状

一、婴幼儿乳粉中塑化剂的风险评估

婴幼儿乳粉通常用马口铁罐或内袋包装盒包装。根据最近的研究，人类通过塑料食品包装摄入微塑料的现象已被发现，这可能与微塑料在现代社会中的广泛存在有关。Íñiguez等（2017）发现塑料包装是微塑料的潜在来源。研究表明，每人每年通过外卖食品容器摄入的微塑料数量为2 977个（Du等，2020）。盒装乳粉所使用的层压内包装，因其由塑料和铝箔组成，可能成为微塑料的一个潜在来源。此外，婴儿在饮用乳粉的过程中，所摄入的微塑料来源并非仅限于乳粉本身。研究表明，奶瓶可以释放微塑料（Li等，2020）。此外，鉴于微塑料在空气中很常见，并且可以通过衣物产生，父母在冲泡乳粉时可能会诱发微塑料污染（Zhang等，2020）。然而，很少有研究考虑所有这些来源来估计微塑料暴露，而且人们对哪种途径带来主要的微塑料还不太了解。

Zhang等（2020）的研究结果显示，婴幼儿乳粉中普遍含有微塑料，且盒装乳粉的微塑料含量显著高于罐装乳粉。盒装乳粉的内包装为PE和铝箔复合包装，对包装的实验证实了包装释放微塑料的假设。此外，盒装乳粉的微塑料特性与包装更相似，认为包装可能是盒装乳粉中微塑料的来源。另外，通过红外光谱分析确认，乳粉勺子的材质为PP，罐装乳粉的盖子材质为PE，但由于盖子并不直接与乳粉接触，因此其对乳粉中微塑料含量的影响可能较小。里面还有一层铝箔，其中含有PP。此外，大部分罐头都是马口铁罐，只有少数罐头是近年来研发的一种新型复合材料，由三层组成：外层是特制纸板，中间是铝膜，内层是PE。认为这可能是微塑料的潜在来源。尽管盒装乳粉的微塑料含量较高，而马口铁罐则可能含有更多双酚，但两者均非理想选择，亟须探索更为安全的食品包装方案。根据聚合物鉴定结果，

盒装乳粉中以 PE 为主，占微塑料类型的 55%。罐装乳粉中 PE 和 PET 含量较高，分别占 29% 和 31%。样品中还检测到了 PP、聚酰胺（PA）和聚氯乙烯（PVC）。在这些塑料类型中，PVC 与炎症和癌症有关（Joana 等，2018），并且在人类母乳中首次被检测到微塑料颗粒，这进一步强调了其在乳粉中的存在应引起关注。因此，除了 PE 包装外，可能还有其他微塑料来源。在大型农场，挤奶是高度自动化的。一般使用电动挤奶器，牛奶通过管子转移到储存容器中，不暴露在空气中，但不能排除挤奶器、管子和容器中存在微塑料污染。乳粉加工过程中有严格的清洁和灭菌标准，但尚未考虑微塑料污染。工人的防护服多为 PET 材质，卫生帽则常由 PP 纤维打造，口罩亦是 PP 制品，这些均有可能成为乳粉中微塑料污染的潜在源头。另外，化学污染物可以通过乳汁从母亲转移到婴儿（Mogensen 等，2015）。一项发表在《聚合物》杂志上的研究首次在人类母乳中检测到了微塑料的存在，其中 76% 的样本中发现了微塑料颗粒（Ragusa 等，2022）。微塑料颗粒的尺寸范围为 2~12μm，主要包含聚乙烯、聚氯乙烯和聚丙烯。尽管母乳喂养被认为是婴儿的最佳营养来源，但微塑料的潜在健康风险仍需进一步研究。

当婴儿饮用乳粉时，微塑料不仅来自乳粉，研究显示，使用聚丙烯材质的婴儿奶瓶在冲泡标准配方乳粉时会释放出大量微塑料颗粒。例如，一项发表在《自然-食物》的研究表明，在单次冲泡中，奶瓶可以释放出十万量级的微塑料颗粒。温度越高，释放的微塑料越多，当水温从 25℃ 升高到 95℃ 时，有的奶瓶释放的微塑料颗粒会从 60 万个/L 增加到 5 500 万个/L。Zhang 等（2023）首次对婴幼儿乳粉中的微塑料污染进行了研究，研究表明婴幼儿乳粉中微塑料的含量为（1±1）~（11±1）个/100g，盒装乳粉中的微塑料含量显著高于罐装乳粉；同时，盒装乳粉包装释放的微塑料含量为（8±2）~（17±1）个/100g，且这些微塑料的特征与罐装乳粉中的相似。盒装乳粉中发现的微塑料数量最多，因此包装可能是盒装乳粉中微塑料的主要来源。

二、婴幼儿乳粉中塑化剂的迁移规律

打开塑料包装的过程产生 0.46~250 个/cm³ 的微塑料（Sobhani 等，2020）。有研究表明，奶瓶及乳粉制备过程中引入的微塑料含量，或远超乳粉本身所含微塑料的量。这意味着，在评估微塑料暴露对人类健康构成的潜在风险时，我们必须将食物源、餐具使用以及餐食制备过程中的微塑料因素纳入考量范畴。

乳粉制备的暴露可能随着空间、喂养频率、衣物和乳粉制造商的运动而波动。除了饮食，婴儿还会通过母体转移和吸入接触微塑料。Gruber 等（2020）的研究证实了聚苯乙烯（PS）纳米颗粒能够穿透胎盘屏障，并且有研究指出微塑料颗粒可能在特定时间窗口内自由穿越胎盘，进入胎儿体内。此外，纳米颗粒物的胚胎毒性效应研究也表明，这些颗粒可能透过胎盘屏障影响胎儿的生长发育。Fournier 等（2020）发现 PS 纳米颗粒从母体肺部转移到胎盘和胎儿组织，但其途径尚不清楚，其影响有待进一步研究。此外，Zhang 等（2020）估算了通过屋尘摄入的 PET 和 PC 基微塑料的每日暴露量，其中中国婴儿的摄入量为 22 000 ng/（kg bw·d）PET 和 40 ng/（kg bw·d）PC，高于成年人的 PET 摄入量 1 700 ng/（kg bw·d）和 PC 摄入量 3.2 ng/（kg bw·d）。Du 等（2020）估计人类通过吸入摄入的微塑料为 25 575 件/（人·年）。这比乳粉中的微塑料暴露量高出两个数量级，比奶瓶中的微塑料暴露量高出一个数量级。

三、婴幼儿乳粉中塑化剂的风险防控

在婴幼儿成长历程中，婴幼儿乳粉是婴幼儿的主要营养来源之一，其质量安全直接紧密关联着婴幼儿的健康成长，意义极其重大（Qi 等，2023）。从奶源的获取、复杂的加工流程，再到最后的包装存储，婴幼儿乳粉的整个生产链条都潜藏着被塑化剂污染的风险。这些风险主要源于生产设备与包装材料中可能含有的塑化剂，以及奶源受环境中塑化剂的污染。为确保婴幼儿的健康成长，维护消费者权益，并推动乳制品行业的健康发展，必须采取有力的控制措施，严防婴幼儿乳粉中的塑化剂污染。

（一）法规标准层面的风险控制

1. 国际法规

针对婴幼儿乳粉相关的接触材料，欧盟对 DEHP、DBP 等常见塑化剂，制定了极为严苛的迁移限量标准。为确保法规有效施行，欧盟要求企业必须提供全面、详尽的材料的安全评估报告，涵盖原材料来源、添加剂成分、生产工艺流程以及潜在风险因素分析等，以便监管部门进行严格审核，从源头上控制塑化剂在婴幼儿乳粉接触材料中的使用风险。美国食品药品监督管理局（FDA）同样高度重视塑化剂在食品包装，特别是婴幼儿食品包装中的使用问题。FDA 通过制定一系列科学、细致的规范，严格限定塑化剂在与婴幼儿食品直接接触材料中的应用范围、使用剂量及残留标准，全力保障美国市场上婴幼儿乳粉的高品质与安全性。

2. 国内法规

我国婴幼儿配方乳粉主要依据《中华人民共和国食品安全法》《婴幼儿配方乳粉产品配方注册管理办法》及其相关配套文件，按特殊食品进行严格管理。市场监督管理局设立特殊食品安全监督管理司，对婴幼儿配方乳粉进行全链条管理，此外，《中共中央 国务院关于深化改革加强食品安全工作的意见》《企业落实食品安全主体责任监督管理规定》《婴幼儿配方乳粉生产许可审查细则（2022版）》《国产婴幼儿配方乳粉品质提升行动》等中央和国家机关文件均为婴幼儿配方乳粉产业提升、企业主体责任落实、风险防控提出了相关要求。我国在塑化剂监管领域积极探索，持续完善相关标准体系。目前，已成功构建起一套科学、系统且契合国情的标准体系（田洪芸等，2020；顾理慧，2023）。其中，GB 5009.271—2016《食品安全国家标准 食品中邻苯二甲酸酯的测定》、GB 9685—2016《食品安全国家标准 食品接触材料及制品用添加剂使用标准》和 GB 31604.30—2016《食品安全国家标准 食品接触材料及制品邻苯二甲酸酯的测定和迁移量的测定》等标准发挥着核心作用（苟怡，2021）。这些标准以严谨的科学研究为根基，明确界定了塑化剂在食品包装材料中的使用范围、最大使用量以及在不同食品模拟物中的特定迁移限量，为我国婴幼儿乳粉及相关食品接触材料的生产、检测和监管提供了坚实的技术支撑与执法依据。

（二）企业风险控制措施

1. 严格源头把控

规范原辅料采购：原辅料采购是乳粉加工的第一个环节。在种植或养殖、生产、加工、储运等过程中，也会被重金属、农药残留、兽药残留、塑化剂等化学污染物污染。加强对原辅料的管控是企业防控塑化剂风险的关键环节。企业应建立食品原料、食品添加剂和食品相关产品的采购、验收、运输和贮存管理制度，确保所使用的原料符合相应的国家标准和（或）相关法规的要求，包括对不同形态下的塑化剂含量、迁移特性等进行检测。检验合格后，方可用于乳粉生产。通过对供应链的严格管理，有效防止塑化剂污染的引入（林春滢等，2015）。

严格包装材料筛选：在婴幼儿乳粉生产中，包装材料的选择对塑化剂风险防控至关重要。企业必须杜绝使用含有塑化剂的塑料包装材料，如某些聚氯乙烯（PVC）材质，因其易发生塑化剂迁移，应避免用于乳粉包装。同时，建立严格的包装材料供应商审核制度，要求供应商提供材料的成分报告、塑化剂迁移检测报告等，确保其安全性。对每一批次的包装材料进行抽检，检验合格后方可投入使用。

2. 加工过程管理

优化生产设备设施：生产过程中，使用的塑料材质设备设施、管道、垫片、容器、工具等不得含有塑化剂。例如，优先选用不锈钢材质的管道和容器，减少塑料材质的使用。对于无法避免的塑料部件，如一些密封垫片，要选用经过严格检测、确认无塑化剂迁移风险的产品。定期对设备进行检查和维护，及时更换磨损或老化的部件，防止因设备问题导致塑化剂迁移到乳粉中。

加强生产环境监控：控制好生产车间的温度、湿度等环境条件，避免因高温、高湿环境加速塑化剂迁移。同时，加强对车间空气质量的监测，防止空气中的塑化剂微粒污染乳粉。对生产过程中的各个环节，包括配料、混合、干燥等，进行严格的卫生管理，确保整个生产环境符合食品安全标准。在车间设置专门的清洁区域，对进入生产区域的人员和设备进行严格的清洁和消毒，防止外部污染物带入。

强化过程控制：在生产环节，企业积极采取行动，通过优化生产工艺，尽可能减少塑料制品在生产过程中的使用。许多企业选择采用不锈钢等安全可靠的替代材料，来制作生产设备与管道。有些大型乳企更是对生产车间实施全流程监控，确保整个生产环境中没有塑化剂能够进入乳粉生产环节。此外，企业应重视加强员工培训，通过开展各类培训活动，不断提高员工对塑化剂风险的认知水平和防控意识，使每一位员工都深刻认识到自身在保障乳粉安全中的重要责任，成为保障乳粉安全的坚固防线。

（三）市场流通监管

1. 完善检测体系

监管部门和企业自身都应建立全面、高效的塑化剂检测体系。采用先进的检测技术，如气相色谱-质谱联用仪（GC-MS）、液相色谱-质谱联用仪（LC-MS）等，这些技术具有高灵敏度、高分辨率的特点，能够准确检测出婴幼儿乳粉从原材料、半成品到成品中的微量塑化剂（杨新月等，2024）。监管部门要加大对市场上婴幼儿乳粉的抽检力度，增加抽检频次和覆盖面，不仅要对大型知名品牌进行抽检，还要关注中小品牌及一些新兴市场的产品。企业要加强自检，建立内部质量控制实验室，配备专业的检测人员和设备，确保每一批次产品都符合塑化剂限量标准。一旦发现塑化剂超标问题，立即启动召回程序，及时通知经销商和消费者，将问题产品全部召回，防止问题产品继续在市场上流通，最大限度地减少对消费者的危害。

2. 强化监管执法

近年来，我国各级市场监管部门深入贯彻落实习近平总书记关于食品安全"最严谨的标准、最严格的监管、最严厉的处罚、最严肃的问责"的四个最严要求，以及"让祖国的下一代喝上好奶粉"重要指示精神，将婴幼儿配方乳粉的质量安全作为食品安全监管工作的重中之重，坚持源头严防、产品严控、市场严管、违法严惩，持续开展严惩食品安全违法犯罪行为的专项行动各地市场监管部门要加强对婴幼儿乳粉生产企业的监督检查，将塑化剂防控措施的落实情况作为检查重点（魏晓，2022）。

持续加大对婴幼儿乳粉生产企业的日常监督检查频次。在检查过程中，重点关注生产设备的运行状况、包装材料的使用是否合规，以及进货查验记录是否完整准确。一旦发现问题，立即责令企业进行整改；对于情节严重的违规行为，依法予以严厉处罚。

为了更全面、深入地掌握婴幼儿乳粉中塑化剂的实际情况，监管部门积极开展针对婴幼儿乳粉中塑化剂的专项抽检行动。这一行动覆盖了各类品牌和生产企业，通过对抽检数据的及时分析与研判，精准识别出风险较高的企业，并对其进行重点监管，有力地维护了市场秩序和消费者权益。

对于违规生产、使用含塑化剂包装材料或生产过程中导致塑化剂污染的企业，依法予以严厉处罚，处罚措施包括高额罚款、停产整顿、吊销许可证等，形成强有力的威慑力，促使企业严格遵守相关法规和标准，保障婴幼儿乳粉的质量安全。

（四）面临的挑战与未来展望

尽管在婴幼儿乳粉中塑化剂的风险防控方面已取得了一定的进展，但仍面临诸多挑战。

新型塑化剂风险。随着对传统塑化剂的监管力度不断加大，一些不法企业为了规避监管，开始使用新型塑化剂。然而，目前对于这些新型塑化剂的安全性研究还远远不够充分，相应的检测方法和法规标准也严重滞后。这无疑给塑化剂的风险控制工作带来了极大的隐患，使得监管部门在面对新型塑化剂时常常陷入被动局面。

环境因素影响。在我们生活的环境中，塑化剂广泛存在于土壤、水源、空气等各个角落（Zhang 等，2023）。这些环境中的塑化剂可能会通过奶源等途径，悄然进入婴幼儿乳粉生产链。由于环境因素的复杂性和广泛性，想要杜绝塑化剂通过环境途径污染婴幼儿乳粉，几乎是一项不可能完成的任务，这也给风险控制工作带来了极大的挑战。

目前，在婴幼儿乳粉中塑化剂的风险控制方面，我们已经在法规、技术、企业和监管等多个层面取得了显著的成果，但仍然面临着诸多严峻的挑战。我们需要持续不断地完善法规标准体系，进一步加强婴幼儿乳粉中塑化剂的风险防控研究，探索更加有效的防控措施和技术手段。进一步强化企业的主体责任意识，进一步强化乳品质量安全追溯体系建设，同时不断加大监管力度。只有通过各方的共同努力，形成合力，才能有效防控塑化剂风险，切实保障婴幼儿乳粉的质量安全，为婴幼儿的健康成长保驾护航。同时，应加强国际合作与交流，共同应对婴幼儿乳粉中塑化剂污染问题，保障婴幼儿的健康成长和消费者的权益。

第二节 牛乳中塑化剂的研究现状

一、牛乳中塑化剂的风险评估

牛乳被称为"白色血液"，其富含蛋白质、脂肪、维生素以及钙、铁等微量元素，是我们餐桌上不可或缺的营养来源，《中国居民膳食指南（2022）》建议每天摄入 300~500 g 牛乳（中国营养学会，2022）。而牛乳到达我们的餐桌经历了多道工艺，包括生产、贮运、加工、包装等，在这些生产加工环节中，牛乳与管道、包装材料等塑料制品直接接触，从而导致塑化剂迁移到牛乳中，造成牛乳的塑化剂污染。

牛乳中的塑化剂对人体健康造成严重威胁。因此，世界很多国家及国际组织对塑化剂制定了限量标准，欧盟在食品模拟剂中 BBP 和 DBP 的特定迁移限值分别为 30.0 mg/kg 和 0.3 mg/kg（Liu 等，2017）。丹麦、挪威禁止在挤奶设备中使用聚氯乙烯管材（Petersen，1991）。美国加利福利州 AB1108 法案规定任何可放进儿童嘴中的护理用品 DINP、DIDP 和邻苯二甲酸二正辛酯 3 种 PAEs 含有浓度不得超过 0.1%。

我国现行标准 GB 31604.30—2016 中对邻苯二甲酸二异壬酯（DINP）定量限为 50.0 mg/kg，其余 17 种邻苯二甲酸酯的定量限为 5.0 mg/kg。该标准也对塑化剂的迁移量做了规定，对水基、酸性食品和酒精类食品模拟物中邻苯二甲酸二烯丙酯（DAP）的定量限为 0.01 mg/kg，其余邻苯二甲酸酯类化合物的定量限为 0.1 mg/kg，如表 6-1 所示（GB 31604.30—2016）。2011 年 6 月，卫生部 551 号公告规定了邻苯二甲酸酯类化合物不是食品原料，也不是食品添加剂，严禁在食品及食品添加剂中人为添加，并要求食品及食品添加剂中 DEHP、DINP 和 DBP 的最大残留量分别为 1.5 mg/kg、9.0 mg/kg 和 0.3 mg/kg。2016 年，我国发布了 GB 5009.271—2016《食品安全国家标准 食品中邻苯二甲酸酯的测定》，其中对邻苯二甲酸二异壬酯（DINP）的定量限为 0.9 mg/kg，邻苯二甲酸二正丁酯（DBP）的定量限为 0.3 mg/kg，除 DINP 和 DBP 外，其余 16 种目标化合物的定量限均为 0.5 mg/kg，如表 6-2 所示（GB 5009.271—2016）。

表 6-1 食品接触材料 18 种塑化剂测定限量值及迁移量限定值

序号	名称	缩写	测定限量值/（mg/kg）	迁移量限定值/（mg/kg）
1	邻苯二甲酸二甲酯	DMP	5	0.1
2	邻苯二甲酸二乙酯	DEP	5	0.1
3	邻苯二甲酸二烯丙酯	DAP	5	0.01
4	邻苯二甲酸二异丁酯	DIBP	5	0.1
5	邻苯二甲酸二正丁酯	DBP	5	0.1
6	邻苯二甲酸二（2-甲氧基）乙酯	DMEP	5	0.1
7	邻苯二甲酸二（4-甲基-2-戊基）酯	BMPP	5	0.1
8	邻苯二甲酸二（2-乙氧基）乙酯	DEEP	5	0.1
9	邻苯二甲酸二戊酯	DPP	5	0.1
10	邻苯二甲酸二己酯	DHXP	5	0.1
11	邻苯二甲酸丁基苄基酯	BBP	5	0.1
12	邻苯二甲酸二（2-丁氧基）乙酯	DBEP	5	0.1
13	邻苯二甲酸二环己酯	DCHP	5	0.1
14	邻苯二甲酸二（2-乙基）己酯	DEHP	5	0.1
15	邻苯二甲酸二苯酯	DPhP	5	0.1
16	邻苯二甲酸二正辛酯	DNOP	5	0.1
17	邻苯二甲酸二异壬酯	DINP	50	0.1
18	邻苯二甲酸二壬酯	DNP	5	0.1

表 6-2　食品中邻苯二甲酸酯的测定限量值

序号	名称	缩写	测定限量值/(mg/kg)(第一法)	测定限量值/(mg/kg)(第二法)
1	邻苯二甲酸二甲酯	DMP	0.5	0.5
2	邻苯二甲酸二乙酯	DEP	0.5	0.5
3	邻苯二甲酸二烯丙酯	DAP	—	0.5
4	邻苯二甲酸二异丁酯	DIBP	0.5	0.5
5	邻苯二甲酸二正丁酯	DBP	0.3	0.3
6	邻苯二甲酸二(2-甲氧基)乙酯	DMEP	0.5	0.5
7	邻苯二甲酸二(4-甲基-2-戊基)酯	BMPP	0.5	0.5
8	邻苯二甲酸二(2-乙氧基)乙酯	DEEP	0.5	0.5
9	邻苯二甲酸二戊酯	DPP	0.5	0.5
10	邻苯二甲酸二己酯	DHXP	0.5	0.5
11	邻苯二甲酸丁基苄基酯	BBP	0.5	0.5
12	邻苯二甲酸二(2-丁氧基)乙酯	DBEP	0.5	0.5
13	邻苯二甲酸二环己酯	DCHP	0.5	0.5
14	邻苯二甲酸二(2-乙基)己酯	DEHP	0.5	0.5
15	邻苯二甲酸二苯酯	DPhP	0.5	0.5
16	邻苯二甲酸二正辛酯	DNOP	0.5	0.5
17	邻苯二甲酸二异壬酯	DINP	—	9
18	邻苯二甲酸二壬酯	DNP	0.5	0.5

注：—表示无。

在牛乳中存在塑化剂的残留，但牛乳基本上实现了规模化生产，市场上大部分牛乳产品塑化剂残留量基本符合国家标准，没有大规模出现牛乳塑化剂超标事件，消费者可以放心地购买和饮用正规渠道销售的有质量保障的牛乳产品，但一些小作坊或不规范生产的牛乳产品仍可能存在塑化剂残留风险。党富民等（2016）对奶牛场生产的 60 份新鲜牛乳样品进行了检测，在牛乳中检出 DMP、DBP、DEP 和 DIBP 4 种 PAEs 类化合物，4 种塑化剂含量在 0.0068~0.10 mg/kg，未超出我国标准限量。Yu 等（2022）对牛乳中塑化剂进行检测，结果表明，18 份牛乳样品、12 份塑料包装全脂乳制品和 6 份全脂乳制品中均检测到 DBP 和 DEHP，含量分别为 22.23~137.84 μg/kg 和 28.79~118.54 μg/kg，均低于国家标准的定量限（分别为 300 μg/kg 和

500 μg/kg)。张琳（2013）等对袋装牛乳中 DEP、DMP、DBP、DEHP 进行检测研究，结果表明，4 种不同来源的袋装牛乳样品中均未检出 DEP 和 DMP，其中 2 份样品检出 DBP，4 份样品检测出 DEHP，因为 DEHP 作为主要增塑剂，它的使用量较高于其他邻苯二甲酸酯类化合物。

二、牛乳中塑化剂的迁移规律

邻苯二甲酸酯（PAEs）具有亲脂性，因此倾向于浓缩在食品的脂质相中。由于牛乳属于高脂肪食品，因此它们更易受到 PAEs 污染。牛乳中 PAEs 来源多元，包括原料乳污染、加工污染和销售污染等，从牧场到餐桌均有 PAEs 污染风险。

1. 牧场环境中 PAEs 的迁移

PAEs 的污染主要源于环境、饲料与添加剂，以及设备与容器等多个方面。首先，环境中的 PAEs 可以通过空气、水体和土壤等多种环境介质进入牧场。特别是工业废水和生活污水的排放，成为 PAEs 进入水体的重要途径。这些受污染的水源被用于灌溉牧草或直接饮用，导致牛乳中 PAEs 的积累。其次，许多饲料和饲料添加剂中可能含有 PAEs。由于饲料的生产、加工和包装过程中常用塑料材料，塑料中的 PAEs 会缓慢迁移到饲料中。饲料中的 PAEs 可能通过牛的摄入而积累至胃中，这些物质在牛的消化过程中可能释放 PAEs，进而被转移到牛乳中。此外，在牛乳的生产和储存过程中，塑料设备和容器的使用也是 PAEs 进入牛乳的主要途径之一。牧场中常用的塑料水管、储奶桶及其他设备，往往含有 PAEs 成分。当这些设备在高温或长时间使用的情况下，PAEs 可能会迁移到牛乳中，从而造成污染。最后，在牧场日常管理中，清洁剂和消毒剂的使用也可能成为 PAEs 的来源。一些洗涤和消毒产品中含有 PAEs 成分，尤其是在清洁设备和环境时，若未彻底冲洗，残留的化学物质可能会通过牛只的接触或摄入影响牛乳质量。

2. 加工环节中 PAEs 的迁移

在牛乳加工环节中，PAEs 污染的来源具有多样性。首先，设备和管道中使用的塑料材料可能含有 PAEs，尤其是在老旧设备中，这些增塑剂可能随着时间的推移而释放到牛乳中。加工设备的润滑油和密封材料中也可能含有 PAEs 成分，尤其是在设备维护不当或老化的情况下，润滑油的泄漏可能进一步导致牛乳污染。其次，牛乳的储存和运输容器，如塑料桶和包装材料，也可能是 PAEs 的潜在来源，特别是在高温或不当存储条件下，增塑剂更容易迁移到牛乳中。此外，加工过程中使用的清洁剂和消毒剂中可能含有

PAEs，如果这些物质未能彻底清洗干净，便可能导致牛乳污染。最后，原料来源也是一个重要因素，某些饲料或添加剂中可能含有PAEs，最终通过动物的体内转移至牛乳中。

3. 销售环节中PAEs的迁移

在销售环节中，为了保证食品的卫生质量、营养成分，同时也为了方便食品的贮藏和运输，促进食品的销售，延长食品商品的货架期，经常会使用塑料制品对食品进行包装。为此，食品包装材料也逐渐地成为现代食品工业中必不可少的重要组成部分。然而，随着时间的增长，食品包装材料内部的有害化合物在与食品接触时会逐渐地迁移进入食品，从而污染食品，最终进入人体，危害人体健康。PAEs主要的功能是增强塑料物质制品的柔软性及韧性。基于此类原理，在我国，大多数牛乳食品均使用塑料制品来进行食品的包装，因为PAEs这两类塑化剂基本上属于油溶性的物质，同时与塑料本身不是以牢固化学键结合，这类添加剂物质很容易发生迁移，从而污染牛乳食品。因此，牛乳食品中存在塑化剂类物质，有一大部分原因都是由于塑料包装材料中PAEs发生迁移导致的，部分家庭采取带包装加热牛乳制品，这也增加了PAEs向牛乳中迁移的风险。同时，还存在着一些不法企业为了牟取暴利，不顾消费者的食品安全问题，大量制造塑化剂含量更高的劣质的食品包装塑料的现象。

三、牛乳中塑化剂的风险防控

1. 加强控制外来塑化剂的侵入

塑化剂不能够与聚合物结合，能够蒸发和迁移进入食物和环境、土壤、空气、雨水和水生系统，对奶牛养殖场以及乳品加工厂的环境定期进行塑化剂含量的检测，包括空气、水源、土壤等，做好通风换气等工作，保证一个相对安全的小环境。对饲草料和饮用水进行塑化剂含量检测，确保奶牛吃得健康、喝得安全，在投喂TMR混合日粮时及时将掺杂在饲料里的滴灌带等异物清理干净。

2. 加强生产加工环节的管理

在加工过程中，由于与管道和密封等含有塑化剂的材料接触，同时伴随有加热，加速了塑化剂迁移的速率和剂量。通过对工厂灌装前后的巴氏杀菌乳进行检测，发现塑化剂在机械挤奶过程中会迁移到原料乳中。贮存温度、与包装材料的接触时间、脂肪含量、酸度与牛乳中塑化剂的迁移量呈正相关，温度大于40℃，包装材料中的塑化剂更容易迁移到食品中，温度低于

12℃几乎不影响塑化剂的迁移量,储存温度的升高(5~25℃)也会增加塑化剂的迁移量(Cirillo等,2013)。此外,进一步评估了夏季和冬季零售牛乳中塑化剂的含量,得出结论,冬季购买的零售牛乳中的DEHP浓度显著低于夏季。消费者在饮用牛乳时避免带包装一起进行加热。与包装材料的接触时间也可能会影响牛乳中塑化剂的含量,主要在第一个小时。食物的酸度,与低酸度(pH=5.0)和中性(pH=7.0)相比,高酸度(pH=3.0)的食物中塑化剂的浓度较高(Fang等,2017)。尽量避免使用塑料材质的设备,在无法更换的条件下规范使用塑料设备,在进行高温消毒后及时对设备、管道等进行降温。

3. 包装材料的改进

选择更安全的包装材料或对现有的包装材料进行升级改造,使用更加安全的新型材料,以减少牛乳中由包装材料塑化剂的迁移量。

第三节　羊乳中塑化剂的研究现状

一、羊乳中塑化剂的风险评估

(一)生产设备与管道

在生羊乳生产过程中,设备与管道是羊乳接触的重要环节。部分生产设备和管道采用PVC等材质,这些材质中常含有塑化剂,以增加其柔韧性和耐用性。然而,在长期使用过程中,塑化剂有可能从这些设备和管道中迁移至羊乳中。

相关研究表明,PVC材料中的塑化剂迁移受到多种因素的影响(吕湘月,2024)。温度是一个关键因素,当羊乳生产环境温度较高时,塑化剂分子的运动加剧,其从PVC材料中迁移至羊乳的速率会显著增加。例如,在夏季高温环境下,羊乳生产车间温度可能达到30℃以上,此时PVC管道中的塑化剂迁移风险明显提高。羊乳在管道和设备中的停留时间也会影响塑化剂的迁移量。如果羊乳长时间在含有塑化剂的管道或设备中储存或流动,塑化剂就有更多的机会迁移到羊乳中。

有学者通过实验模拟羊乳生产过程,将羊乳与PVC管道接触,在不同温度和时间条件下检测羊乳中塑化剂的含量。结果发现,当温度从20℃升高到35℃时,羊乳中DEHP的含量增加了约30%(梁曾恩妮,2018);当接触时间从1 h延长到6 h,DEHP的含量增加了约50%。这充分说明高温和长时间接触会显著增加 PVC 管道中塑化剂向羊乳的迁移量。

为了降低塑化剂从生产设备和管道迁移至羊乳的风险，可采取一系列措施。在设备和管道的选择上，应优先选用不含塑化剂或塑化剂迁移风险低的材质，如不锈钢、食品级聚乙烯等。定期对生产设备和管道进行清洗和维护，及时更换老化、磨损的部件，能够有效减少塑化剂的迁移。优化生产工艺，减少羊乳在设备和管道中的停留时间，也有助于降低塑化剂污染的风险。

（二）包装材料

生羊乳的包装材料也是塑化剂污染的潜在来源（刘秀清，2016）。一些塑料包装材料，如 PVC、PS 等，在生产过程中添加了塑化剂，以满足包装的柔韧性、透明度和耐用性等要求。当羊乳与这些包装材料接触时，塑化剂可能会迁移到羊乳中。

包装材料中塑化剂的迁移受到多种因素的影响。包装材料的材质特性对塑化剂迁移有重要影响。PVC 包装材料中塑化剂含量相对较高，且其分子结构使得塑化剂较易迁移。有研究对不同材质包装的羊乳进行检测，发现使用 PVC 包装的羊乳中塑化剂含量明显高于使用其他材质包装的羊乳。

生羊乳生产链条中，生产设备与管道、包装材料等环节是塑化剂污染的主要来源。生产设备和管道采用的 PVC 等材质中的塑化剂，在高温、长时间接触等条件下易迁移至羊乳中；塑料包装材料中的塑化剂也会因材质特性、接触时间等因素迁移到羊乳中。

二、羊乳中塑料制品的迁移规律

羊乳因其独特的营养价值和健康益处，受到越来越多消费者的青睐（彭江英，2021）。然而，塑料制品在羊乳制品的生产、加工和储存过程中的广泛应用，引发了对塑化剂迁移问题的关注。塑化剂，尤其是 PAEs，是一类广泛使用的增塑剂，能够增加塑料的柔韧性和可塑性。这些化学物质具有脂溶性，容易从塑料制品中迁移至食品中，对人体健康构成潜在威胁（付进，2021）。因此，研究羊乳中塑料制品的迁移规律，对于保障羊乳制品的安全性和质量至关重要。

（一）加工过程中的迁移

在羊乳的加工过程中，使用的塑料设备和管道也可能成为塑化剂迁移的途径（苟怡，2021）。加工设备的材质、使用频率、清洗和维护状况等因素都会影响塑化剂的迁移。例如，在高温杀菌、均质化和灌装等加工步骤中，塑料设备表面的塑化剂可能会因为温度升高和机械摩擦而加速迁移至羊乳中。此外，加工过程中的添加剂，如清洁剂和消毒剂，也可能含有塑化剂，这些化学物质在清洗设备后可能会残留并迁移到羊乳中。以增塑剂为例，2011年我国台湾地区增塑剂事件中，黑心商人将用于改善塑料性能的塑化剂代替起云剂，其中的DOP会损害男性生殖能力并促进女性性早熟，长期大量摄取会导致肝癌（刘明华，2021）。不同的加工条件，如温度、压力和加工时间等，对迁移量有显著影响。较高的加工温度和较长的加工时间，通常会使迁移量增加。

（二）包装材料中的迁移

塑料包装材料是羊乳中塑化剂迁移的主要来源之一。在包装过程中，塑化剂可能通过扩散、渗透和吸附等机制从包装材料迁移到羊乳中。常用的羊乳包装塑料材料，如PE、PP等，虽具有稳定性，但并非绝对惰性（何世文，2020）。这些高分子材料由单体聚合而成，在特定条件下，残留的单体、添加剂等小分子物质可能会向羊乳中迁移。例如，PVC若用于羊乳包装，其残留的氯乙烯单体具有麻醉作用（陈宇等，2015），可引起人体血管收缩产生疼痛感，同时具有致癌和致畸作用，因此我国已禁止将其用于食品包装（童彩虹，2022）。不同包装材料的化学结构和组成差异，决定了其迁移特性的不同。如一些玻璃化温度低于室温的塑料，像聚乙烯和聚氯乙烯，有机颜料在其中可能会发生发花、渗色、沾色、迁移等现象。

（三）储存条件和迁移的关系

储存所用的塑料包装的结构和阻隔性能至关重要。具有良好阻隔性能的包装材料，能够有效延缓迁移物质的扩散。储存温度和时间对塑料制品向羊乳中的迁移有重要影响。温度、光照、氧气浓度和储存时间等因素都会影响塑化剂的迁移量（王松莹，2022）。一般来说，温度越高，迁移速率越快。在高温环境下，塑料分子的活性增强，小分子物质更容易从塑料中扩散到羊乳中。而储存时间越长，迁移的累积量就越大。例如，在夏季高温时，羊乳在塑料包装中储存一段时间后，塑料制品迁移的物质含量可能会明显高于低温储存时的情况。

（四）影响迁移量的因素

1. 加工设备因素

塑料的种类和质量是决定迁移程度的关键因素。加工设备的材质对塑化剂的迁移量有显著影响。不锈钢和食品级塑料等材质的迁移量相对较低，而PVC等材质的迁移量较高。设备的使用频率越高，塑化剂的迁移量可能越大（闵宇航等，2023）。频繁使用设备会导致表面磨损，从而增加塑化剂的释放。定期清洗和维护设备可以减少塑化剂的迁移量。清洗可以去除设备表面的残留塑化剂，而维护可以修复设备表面的磨损，从而减少塑化剂的释放。

2. 包装材料因素

热封、印刷等包装工艺会改变包装材料的物理和化学性质，进而影响迁移行为（王茜等，2020）。在热封过程中，高温可能使塑料分子链运动加剧，增加小分子物质的迁移速率。不同类型的塑料包装材料对塑化剂的迁移量有显著影响（樊继彩等，2019）。PVC材料由于其分子结构的特性，更容易释放塑化剂。相比之下，PE和PP等材料的迁移量相对较低。包装材料的厚度也会影响塑化剂的迁移。较厚的包装材料可以减少塑化剂的迁移量，因为它们提供了更多的物理屏障。

包装材料的表面处理，如涂层和印刷，也会影响塑化剂的迁移。涂层可以减少塑化剂与羊乳的直接接触，从而降低迁移量。然而，印刷油墨中可能含有塑化剂，这些塑化剂在与羊乳接触时也会发生迁移。

3. 储存过程中的因素

储存温度和时间对塑料制品向羊乳中的迁移有重要影响（王松莹，2022）。温度、光照、氧气浓度和储存时间等因素都会影响塑化剂的迁移量。温度是影响塑化剂迁移量的关键因素（范金旭等，2024）。高温会加速塑化剂的迁移，因为高温会增加分子的运动速度，从而促进塑化剂从包装材料或设备中释放。光照可以促进塑化剂的氧化和分解，从而改变其迁移行为。在光照条件下，DEHP等塑化剂可能会分解为更小的分子，这些分子更容易迁移到羊乳中。氧气的存在可以促进塑化剂的氧化，从而增加其迁移量。在高氧气浓度的环境中，塑化剂更容易被氧化，从而增加其迁移至羊乳中的风险。储存时间越长，塑化剂的迁移量可能越大。长时间储存会增加塑化剂与羊乳接触的时间，从而增加迁移量。

羊乳中塑料制品的迁移规律研究表明，包装材料、加工设备和储存条件都会影响塑化剂的迁移量。为了减少羊乳中塑化剂的迁移，建议采取以下措施：

（1）优化包装材料：优先选用不含塑化剂或塑化剂迁移风险低的包装材料，如PE和PP。对于必须使用PVC材料的情况，应选择表面涂层的包装材料，以减少塑化剂与羊乳的直接接触（吴爱英等，2023）。

（2）改进加工设备：使用不锈钢和食品级塑料等材质的加工设备，

定期进行清洗和维护，以减少设备表面的磨损和塑化剂的释放。

（3）控制储存条件：在低温、避光和低氧气浓度的环境中储存羊乳，以减少塑化剂的迁移。同时，应尽量缩短储存时间，以减少塑化剂的累积迁移量（黄斌，2024）。

（4）加强监测与监管：建立完善的监测体系，定期检测羊乳中的塑化剂含量，确保其符合食品安全标准（黄斌，2024）。加强对塑料制品生产和使用过程的监管，严格控制塑化剂的使用和迁移风险。

通过以上措施，可以有效减少羊乳中塑化剂的迁移，保障羊乳制品的安全性和质量，保护消费者的健康。

目前，国内外关于羊乳及其制品的塑化剂研究较少。文献检索结果显示，我国西北农林科技大学的食品科学与工程学院是该领域的主要研究机构。

西北农林科技大学的 Ge 等（2016）对中国产羊乳婴儿配方乳粉中邻苯二甲酸酯残留物含量和水平进行相关评价研究。该研究使用气相色谱-质谱联用技术对陕西省 10 家乳品企业中的 90 份婴儿配方乳粉中的 15 种邻苯二甲酯类塑化剂进行检测，包括：邻苯二甲酸二甲酯（DMP）、邻苯二甲酸二乙酯（DEP）、邻苯二甲酸二异丁酯（DIBP）、邻苯二甲酸二正丁酯（DBP）、邻苯二甲酸二（4-甲基-2-戊基）酯（BMPP）、邻苯二甲酸二（2-甲氧基）乙酯（DMEP）、邻苯二甲酸二戊酯（DPP）、邻苯二甲酸二（2-乙氧基）乙酯（DEEP）、邻苯二甲酸二己酯（DHXP）、邻苯二甲酸丁基苄基酯（BBP）、邻苯二甲酸二（2-丁氧基）乙酯（DBEP）、邻苯二甲酸二（2-乙基）己酯（DEHP）、邻苯二甲酸二环己酯（DCHP）、邻苯二甲酸二苯酯（DPhP）和邻苯二甲酸二壬酯（DNP）。评估结果显示，邻苯二甲酸塑化剂以 DBP 检出最多，其次是 DEHP、DIBP 和 DMP，值得关注的是 DBP 几乎可以在每个样本中都被检测到，其余 11 种塑化剂在所有样本中未检测到。而英国农业部 1996 年的研究数据显示婴幼儿配方乳粉中 BBP 的含量水平为 $0.004 \sim 0.25$ mg/kg，这两项研究结果存在不一致性。其可能的原因在于，我国禁止使用 BBP 作为食品容器和包装材料的增塑剂，而英国则允许在食品容器和包装材料中使用 BBP（Jobling 等，1995）。Ge 等（2016）的研究结果中检测到邻苯二甲酸盐 DBP、DEHP、DIBP 和 DMP，其原因在于我国允许 DBP、DEHP、DIBP 和 DMP 作为食品容器和包装材料中的增塑剂。综上可见，婴儿配方乳粉中检测到的邻苯二甲酸盐直接或间接来自包装的塑料材料。

同时，Ge 等（2016）对可检测的邻苯二甲酸酯化合物相关的数据进行统计分析，结果显示出广泛的变异性，与使用不同材料的样品之间的邻苯二甲酸酯水平没有显著差异。从而认为，DBP、DEHP、DIBP 和 DMP 的污染可能来自原料和制造过程，而不是来自包装材料。但是相关学者 Lin 等（2015）研究表明，金属容器包装的商业全脂牛乳产品比塑料容器包装的牛乳产品中邻苯二甲酸盐的含量低。面对不同塑化剂来源的分析结果的差异性，Ge 等认为，邻苯二甲酸酯类塑化剂具有亲脂性特点，更容易富集于脂类中。Cebalos 等（2009）研究结果显示羊乳的脂肪含量山羊乳的脂肪含量高于牛乳。因此，Ge 推测羊乳比牛乳更易受到邻苯二甲酸盐的污染（Sanz Ceballos 等，2009）。Ge 等在陕西省范围内另一项研究指出，生山羊乳中的邻苯二甲酸盐浓度明显高于生牛乳。

杨香娟（2015）对陕西主要品牌配方羊乳粉中塑化剂残留进行检测和调查，结果显示，对于婴幼儿配方羊乳粉和全脂羊乳粉，不同样品中 4 种塑化剂的检出率和含量各不相同，但有共同的规律就是 DBP 的含量均较高，其次是 DIBP、DEHP 和 DMP。此外，全脂羊乳粉中的检出率和含量明显高于婴幼儿配方乳粉中的含量，其 DBP 含量最高可达 1368.7 $\mu g/kg$，而配方羊乳粉中 DBP 含量最高为 482.8 $\mu g/kg$。且全脂羊乳粉中有样品检出 DBP 超标；生产婴幼儿配方乳粉中添加的辅料脱盐乳清粉和改性植物油中也可以检测到 4 种塑化剂，且在脱盐乳清粉中 DIBP 含量较高，而在植物油中 DEHP 的含量较高。

曹双第对羊乳粉不同生产环节（如鲜奶、机械挤乳、贮罐、配料、巴氏杀菌、浓缩、喷雾干燥等）中采集的样品进行邻苯二甲酸酯类含量检测，在工厂生产用水、鲜奶、机械挤乳、贮罐、配料、巴氏杀菌、浓缩、喷雾干燥等环节中均检出 4 类邻苯二甲酸酯类化合物，分别为 DIBP、DBP、DCHP、DEHP，其结果见表6-3（曹双弟，2014）。对比手工挤乳和机械挤乳数据发现，机械挤乳样品中邻苯二甲酸酯的质量浓度普遍高于手工挤乳，分析原因可能是由于羊乳与机械挤乳设备（塑料软管，容器）接触导致有害物迁移而入的；刘敏等（2007）研究了塑化剂的结构，这一研究结果从塑化剂的化学结构指出邻苯二甲酸酯类塑化剂是依靠氢键或范德华力存在，不是以共价键存在，呈现游离态，随着时间推移，会发生由塑料制品由内向外迁移至外界环境；这一研究结果较好地解释因机械挤奶发生塑化剂迁移使乳样品中塑化剂浓度提高。从鲜奶到最后喷雾干燥得到的粉状半成品，在此过程中邻苯二甲酸酯类化合物质量浓度呈递增关系。此外，在环境水样中发现低浓度的塑化剂，羊乳中的塑化剂可能是通过饮水、饲料等经由食物链进入羊体内，然后迁移到羊乳中所致，具体细节需要做更进一步的研究。

表6-3 羊乳粉不同生产环节中样品的PAEs检测结果　　单位：mg/kg

	DIBP	DBP	DCHP	DEHP
鲜奶	0.0614±0.1040	0.1821±0.1501	0.0265±0.3182	0.0316±0.1413
机械挤乳	0.0836±0.2406	0.2133±0.1207	0.0336±0.2515	0.0436±0.0762
贮罐	0.0849±0.0941	0.2125±0.0462	0.0343±0.1143	0.0487±0.3180
配料	0.1007±0.0031	0.2487±0.0903	0.0329±0.1633	0.0507±0.0334
巴氏杀菌	0.0993±0.1462	0.2538±0.0583	0.0384±0.2267	0.0538±0.1283
浓缩	0.2218±0.0205	0.7251±0.3045	0.0928±0.0214	0.1108±0.1924
喷粉	0.6012±0.0137	2.1452±0.0378	0.2602±0.0158	0.3062±0.1341
生产水	0.0300±0.0524	0.0914±0.3105	0.0198±0.3517	0.0154±0.2508
环境水样	0.0593±0.1025	0.1536±0.0712	0.0215±0.0915	0.0332±0.2157

三、羊乳中塑化剂的风险防控

虽然关于羊乳中塑化剂这一问题目前有一些研究成果，但在羊乳中塑化剂的研究领域仍存在一些不足和挑战。

（一）问题与不足

1. 样本量不足

目前的研究大多集中在特定地区或特定类型的羊乳，样本量相对较小，可能影响研究结果的普遍性和可靠性。

2. 研究方法不统一

不同研究采用的检测方法和标准不尽相同，导致结果难以比较和综合。这种方法学上的差异可能影响对塑化剂污染程度的准确评估。

3. 长期影响研究缺乏

目前关于羊乳中塑化剂的长期健康影响的研究仍然不足，尤其是对儿童和孕妇的影响。缺乏长期跟踪研究使得对健康风险的评估不够全面。

4. 政策和监管不足

尽管一些国家和地区对塑化剂的使用进行了限制，但在羊乳及其他乳制品中的具体监管措施仍然不够完善，导致消费者面临潜在风险。

随着对羊乳中塑化剂的关注不断增加，未来可能不断扩大研究范围，减少危害人体健康的食品安全案例。进行多地区研究，开展跨地区的研究，比较不同地理环境、气候条件和生产方式下羊乳中塑化剂的含量，这将有助于识别特定区域的污染源和影响因素。同时研究不同羊种的乳汁中塑化剂的含量差异，探索其与饲养管理、饲料成分等因素的关系。

需要建立统一标准，制定羊乳中塑化剂检测的标准化方法，以提高不同研究之间的可比性和数据整合能力。同时应用新技术，探索新兴检测技术的应用，如纳米传感器和生物传感器，以提高检测灵敏度和速度。

开展长期跟踪研究，对长期摄入含塑化剂羊乳的个体进行跟踪研究，评估其对健康的长期影响，特别是对儿童和孕妇的影响。深入探讨塑化剂对生理和生化过程的影响机制，了解其如何影响内分泌系统、代谢和免疫功能。

评估现有关于塑化剂使用的政策和法规的有效性，提出改进建议，以更好地保护消费者健康。同时开展公众教育活动，提高消费者对塑化剂潜在风险的认识，促进安全消费。

研究和开发更安全的塑化剂替代品，以减少对环境和健康的潜在风险。探索使用天然材料或生物基材料作为塑化剂的替代品，推动可持续发展。

未来的研究应关注样本多样性、方法标准化、健康影响的深入探讨以及政策和公众教育等方面，以全面了解羊乳中塑化剂的影响。这将为确保食品安全和公众健康提供重要的科学依据。

（二）建议与措施

1. 对生产企业的建议

生产企业应优化生产设备，优先选用不含塑化剂或塑化剂迁移风险低的材质，如不锈钢、食品级聚乙烯等用于生产设备和管道的制造。定期对设备和管道进行全面清洗和维护，及时更换老化、磨损的部件，以减少塑化剂迁移的风险（苟怡，2021）。在包装材料选择上，严格把控包装材料质量，严禁使用含有塑化剂的塑料包装材料。建立包装材料供应商审核制度，对供应商提供的包装材料进行严格检测，确保其符合食品安全标准。加强生产过程中的质量控制，建立完善的质量管理体系，对羊乳生产的各个环节进行严格监控（张冠鹏等，2024）。增加对塑化剂的检测频次，及时发现和处理塑化剂污染问题。对员工进行食品安全培训，提高员工对塑化剂危害的认识和防控意识，确保生产操作符合规范。

2. 对监管部门的建议

监管部门需加大对羊乳生产企业的监管力度，增加监督检查的频次和范围，严厉查处使用含塑化剂设备、包装材料以及塑化剂超标等违法行为。建立健全羊乳中塑化剂的检测标准和限量标准，明确检测方法和合格判定依据，使监管工作有章可循。完善羊乳质量安全标准体系，与国际标准接轨，提高标准的科学性和实用性。建立羊乳中塑化剂监测网络，对不同地区、不同品牌的羊乳产品进行定期监测，及时掌握塑化剂污染动态。加强对监测数据的分析和评估，为制定防控措施提供科学依据。

3. 对消费者的建议

消费者在选购羊乳产品时，应选择从正规渠道购买，如大型超市、专卖店等，确保产品来源可靠。查看产品的包装是否完好，有无破损、渗漏等情况。注意查看产品标签，选择有明确生产日期、保质期、配料表等信息的产品。关注食品安全信息，及时了解监管部门发布的羊乳产品质量安全信息，对存在塑化剂污染风险的产品保持警惕。如发现购买的羊乳产品存在质量问题，应及时向相关部门投诉举报（鞠临子，2017）。

第四节　驼乳中塑化剂的研究现状

一、驼乳中塑化剂的风险评估

驼乳产业存在质量安全隐患不清、生产过程控制不规范、检测技术落后和品质评价技术缺乏等问题，特别是近期发生的驼乳中塑化剂（PAEs）污染事件给产业发展带来了前所未有的挑战，特色发展之路后劲严重不足。2022年底，新疆市场监督管理局通过食品安全监督抽查发现特色乳制品中存在塑化剂污染的风险，2023年8月，新疆"可可驼纯骆驼奶粉"被曝检出有害物质邻苯二甲酸二正丁酯（DBP）事件，驼奶塑化剂污染问题一时之间成为全社会关注的焦点，新疆驼乳加工企业全面停产排查，引发原奶限收、拒收（马洪鹏等，2024）。

针对新疆"可可驼纯骆驼奶粉"事件，新疆地区已经启动了相应的风险评估工作。采集新疆地区驼乳养殖和加工环节的样本，对生产过程中常见的5种PAEs进行了检测，以明确驼乳生产中可能存在的塑化剂污染风险环节，为控制驼乳产品中塑化剂含量提供科学依据（表6-4）。

表 6-4　养殖环境中塑化剂含量（马洪鹏，2024）　　　单位：mg/kg

样本	DBP	DEHP	DIBP	DMP	DCHP
粪便	0.38±0.087	3.80±0.78	1.42±0.52	ND	ND
饲料	0.29±0.023	2.85±0.24	0.51±0.11	ND	ND
饮水	ND	ND	ND	ND	ND
土壤	ND	ND	ND	ND	ND
乳头皮肤	0.73±0.17	ND	0.50±0.12	0.14±0.035	0.0033±0.0021

注：ND 为未检出。

监测新疆驼乳养殖环境中的塑化剂污染风险环节。粪便和饲料中的 DEHP 含量分别为 3.8000 mg/kg 和 2.8500 mg/kg，而 DMP 和 DCHP 未被检出；乳头皮肤中未发现 DEHP，饮水和土壤中也未检测到 5 种塑化剂。乳头皮肤中的 DBP 含量高于粪便和饲料，粪便中的 DIBP 含量则高于饲料和乳头皮肤。这表明在驼乳养殖过程中，塑化剂可能在骆驼胃中富集，并且乳头皮肤可能残留有塑化剂。

在新疆驼奶样检测中，DBP 的检出率达到 72.22%；DEHP 的检出率为 66.67%；DIBP、DMP、DCHP 的检出率分别为 91.67%、91.67%、55.56%（表 6-5）。

表 6-5　驼乳加工端各环节塑化剂含量（马洪鹏，2024）　　　单位：mg/kg

样品名称	DBP	DEHP	DIBP	DMP	DCHP
生驼乳 1	0.18±0.067[a]	0.16±0.0058[b]	0.13±0.0067	0.27±0.0033[a]	0.26±0.0067
生驼乳 2	0.15±0.0088[b]	0.23±0.0067[a]	0.14±0.0033	0.12±0.0033[b]	ND
生驼乳 3	ND	ND	0.12±0.086	ND	ND
杀菌乳 1	0.21±0.058	0.16±0.012	0.16±0.012	0.2700	0.26±0.012
杀菌乳 2	0.15±0.0067	0.22±0.0067	0.12±0.0058	0.11±0.0067	0.23±0.0033
杀菌乳 3	0.0067±0.0067	ND	0.02±0.012	0.03	0.0033±0.0033
浓缩乳 1	0.17±0.84	0.15±0.0033	0.16±0.015	0.34±0.0088	0.16±0.082
浓缩乳 2	0.26±0.0033	0.22±0.0033	0.12±0.0033	0.14±0.0058	0.29±0.0033
浓缩乳 3	ND	ND	0.037±0.023	0.063±0.0033	ND
驼乳粉 1	0.39±0.018	0.41±0.018	0.25±0.013	0.21±0.018	0.44±0.012
驼乳粉 2	0.36±0.02	0.43±0.0067	0.24	0.23±0.041	0.29±0.14
驼乳粉 3	0.037±0.032	ND	0.15±0.04	0.12±0.0067	ND

注：1、2、3 分别代表不同的奶源；ND 代表未检出；不同字母表示在 0.05 水平差异显著。

关于驼乳粉产品迁移情况的研究表明，储存包材中的塑化剂含量高于销售包材、设备连接件中的塑化剂含量亦相对较高。鉴于驼乳相较于牛乳含有更高的脂肪含量,并且塑化剂具有亲脂性,加之在驼乳粉的加工过程中存在高温处理环节,因此在驼乳粉的生产过程中存在塑化剂污染的风险(表6-6)。

表6-6 驼乳加工端接触材料塑化剂含量(马洪鹏,2024) 单位:mg/kg

样品名称	DBP	DEHP	DIBP	DMP	DCHP
销售包材	1.067±0.033	2.78±1.014	2.267±0.93	0.88±0.11	0.95±0.51
储存包材	2.017±0.24	4.40±1.85	1.50±0.31	1.13±0.0.025	4.43±2.34
设备连接件	2.90±0.40	3.93±0.72	2.22±0.60	1.41±0.36	4.23±1.03

注:以上样品均为塑料制品。

二、驼乳中塑化剂的迁移规律

塑化剂普遍存在于与食品直接接触的材料中,例如食品包装袋、塑料瓶等。由于食品包装材料中的添加剂与包装材料本身通常是通过非化学键方式结合的,因此在食品与包装材料接触的过程中,这些可能含有有毒有害成分的添加剂更容易迁移到油溶性食品中,从而造成食品的严重污染。更为严重的是,部分化学迁移物的毒性极大,对消费者的健康构成了重大威胁(杜珍妮,2016)。深入研究食品接触材料中非邻苯类塑化剂的特定迁移现象,对于推动相关产业技术革新与工艺优化,进而提高产品质量,构建可持续发展的良性循环具有重要意义。

徐立明等(2018)构建了14种邻苯二甲酸酯类塑化剂的GC-MS分析方法,并研究了塑料袋在与不同食品接触时塑化剂的迁移情况。结果显示塑化剂的迁移量随着温度升高而增加,且油中明显高于水中。樊继彩等(2021)利用气相色谱-串联三重四级杆质谱(GCMS/MS)技术,对塑化剂的迁移量进行了测定。在室温条件下,PE材质的塑料保鲜膜浸泡5 h后,DEP、DIBP、DBP和DEHP这4种塑化剂均发生了迁移现象。刘世途等(2024)测定了食品接触材料及制品中柠檬酸三乙酯、乙酰柠檬酸三乙酯、柠檬酸三丁酯和乙酰柠檬酸三丁酯4种柠檬酸酯类非邻苯类塑化剂的迁移量。有4款聚乙烯塑料包装袋检出乙酰柠檬酸三乙酯。陈燕芬等(2015)测定了食品接触用密封圈中环氧大豆油的迁移量,结果显示,在测定的24种聚氯乙烯密封圈中有3种样品检出环氧大豆油,且其含量处于较低水平。程满环等(2021)对一次性塑料餐盒中的10种常见塑化剂含量进行了检测,并挑选了合适的模拟液,以模拟这些塑化剂在不同食品环境中的迁移行为。在两种餐盒中均检测到了 DIBP、DBP 和 DEHP 的迁移(表 6-7)。

表 6-7 不同塑化剂材料的迁移结果

塑化剂的种类	研究方法	研究结论
14 种邻苯二甲酸酯类塑化剂	GC-MS	塑化剂的迁移量随着温度升高而增加
17 种邻苯二甲酸酯类塑化剂	GCMS/MS	DEP、DIBP、DBP 和 DEHP 4 种塑化剂均有迁移
15 款食品接触材料样品	GC-MS	有 4 款聚乙烯塑料包装袋检出乙酰柠檬酸三乙酯
112 种聚氯乙烯密封圈	GC-MS	有 74.11% 的样品超过对应的阈值
10 种常见塑化剂	GC-MS	均检出了 DIBP、DBP 和 DEHP 不同迁移液

三、驼乳中塑化剂的风险防控

驼乳中塑化剂的风险防控工作近年来已经取得了显著的进展和改善,这得益于科技的不断进步、法规的日益完善和监管力度的不断加强。然而,尽管已经取得了这些成绩,驼乳中塑化剂的风险防控仍面临一些不容忽视的问题。

1. 缺乏驼乳养殖过程中的用水及饲料的邻苯二甲酸酯的专用检测标准

当前,驼乳养殖业中对水质和饲料的检测缺乏统一标准。目前的做法是依据 GB 5009.271—2016 标准进行试样处理,但这一方法仅适用于乳及乳制品类样品,这影响了检测结果的准确性和可重复性。因此,建议根据水质和饲料的特殊性质,制定新的专用检测标准。

2. 进一步开展驼乳及乳制品中塑化剂污染迁移规律及防控关键技术研发

针对塑化剂在驼乳中如何迁移、转化及其途径和规律不清,尽快开展驼乳中塑化剂污染迁移机制研究,特别是塑化剂次生代谢产物的产生和迁移规律,研发驼乳及乳制品中塑化剂消减关键技术。

3. 塑化剂防控技术及其规范应用尚未得到广泛普及

与行业及各政府部门协同合作,迅速向从事特色乳养殖和加工的企业及养殖场分发并开展《奶及奶制品风险因子塑化剂防控技术方案》培训。同时,组织具备资质的检测机构,对特色乳畜养殖场和特色乳加工企业的化验员进行乳及乳制品中邻苯二甲酸酯测定操作技术的培训,确保关键点的标准化监管。

4. 法规和标准的建设也需要进一步完善

虽然国家已经出台了一系列关于食品安全的法规和标准,但在驼乳中塑化剂的防控方面,仍需要更加具体、明确的法规和标准来指导实际操作。这将有助于规范驼乳生产企业的行为,提高驼乳的安全性。

参考文献

曹双弟,2014. 羊奶粉生产环节中塑化剂的污染状况调查及暴露量评估[D]. 杨凌:西北农林科技大学.

陈燕芬,钟怀宁,胡长鹰,等,2015. PVC 密封圈中环氧大豆油向食品模拟物迁移量的测定[J]. 食品工业科技,36(5):277-281.

陈宇,张春辉,崔正,2015. 法治环境下塑料技术的创新与发展[J]. 中国塑料,29(8):1-8.

程满环,施邑,2021. 一次性塑料餐盒中塑化剂含量测定及迁移研究[J]. 广州化工,49(12):102-104.

党富民,卢春霞,孙凤霞,等,2016. 气相色谱-串联质谱法测定牛奶中16种邻苯二甲酸酯类化合物[J]. 化学研究与应用,28(1):139-144.

杜珍妮,2016. 含乳食品接触材料中塑化剂的检测及迁移规律研究[D]. 武汉:武汉轻工大学.

樊继彩,2019-08-06. 食品包装材料和食品包装内衬材料中邻苯二甲酸酯类塑化剂迁移的实验和理论研究[R]. 浙江省,杭州市疾病预防控制中心.

樊继彩,王姝婷,何华丽,等,2021. 塑化剂从包装材料向食品模拟物迁移的实验和理论研究[J]. 中国卫生检验杂志,31(19):2327-2329.

范金旭,申鹰,马凯,等,2024. 贵阳地区菜籽油制油小作坊塑化剂迁移规律研究及储存条件对其的影响[J]. 食品安全质量检测学报,15(13):224-233.

付进,闻诚,马明明,等,2021. 食品包装材料中塑料添加剂的检测研究进展[J]. 现代食品(8):66-68.

苟怡,2021. 菜籽油塑化剂污染途径分析及控制措施[D]. 绵阳:西南科技大学.

顾理慧, 2023. 中国婴幼儿配方乳粉产业发展面临的机遇与挑战 [J]. 食品安全导刊 (28)：153-155.

何世文, 2020. 化妆品常用塑料包材有害物质分析及对内容物安全性影响研究 [D]. 广州：广东工业大学.

黄斌, 2024. 食品包装材料对食品安全性的影响及控制分析 [J]. 食品安全导刊 (3)：12-14.

鞠临子, 2017. 完善河北省乳制品质量安全保障体系的对策研究 [D]. 石家庄：河北经贸大学.

梁曾恩妮, 方志辉, 吕慧英, 等, 2018. 长沙蔬菜种植基地 PAEs 污染状况及其对蔬菜生长的影响 [J]. 湖南农业科学 (9)：33-36.

林春滢, 王庆新, 2015. 食品中塑化剂的来源分析及应对措施 [J]. 现代农业科技 (2)：284-285.

刘敏, 林玉君, 曾锋, 等, 2007. 城区湖泊表层沉积物中邻苯二甲酸酯的组成与分布特征 [J]. 环境科学学报 (8)：1377-1383.

刘明华, 2013. 塑化剂的危害与预防分析 [J]. 绿色科技 (4)：210-212.

刘世途, 曾铭, 陈湘颖, 等, 2024. 气相色谱-质谱法测定食品接触材料及制品中 4 种柠檬酸酯类化合物的迁移量 [J]. 分析试验室, 43 (4)：463-468.

刘秀清, 2016. 食用植物油中邻苯二甲酸酯类的污染的风险分析与控制 [J]. 现代食品 (16)：87-90.

吕湘月, 2024. 食品接触塑料包装材料安全性 [J]. 塑料助剂 (1)：74-77.

马洪鹏, 娄肖肖, 马宪兰, 等, 2024. 我国驼乳品质产地差异及相关标准研究进展 [J]. 食品安全质量检测学报, 15 (6)：280-287.

闵宇航, 岳清洪, 李航, 等, 2023. 我国白酒食品安全风险分析及防控建议 [J]. 中国酿造, 42 (3)：13-17.

彭江英, 2021. 保加利亚乳杆菌 ND02 发酵不同基料代谢特性的研究 [D]. 呼和浩特：内蒙古农业大学.

田洪芸, 任雪梅, 王文特, 等, 2020. 婴幼儿配方乳粉全产业链的质量安全风险及监管要求 [J]. 中国食物与营养, 26 (1)：24-27.

童彩虹, 2022. 食品用塑料包装材料的卫生安全性分析 [J]. 食品安全导刊 (18)：27-29.

第六章 乳品塑化剂的研究现状

王茜，曹念念，潘磊庆，2020. 塑料食品包装材料中受限物迁移研究进展 [J]. 食品安全质量检测学报，11（4）：1014-1021.

王松莹，2022. 三种包装材料包装性能测试及对巴氏杀菌乳贮藏品质影响的研究 [D]. 呼和浩特：内蒙古农业大学.

卫生部办公厅，[2011-06-13]. 关于通报食品及食品添加剂邻苯二甲酸酯类物质最大残留量的函（2011 年 511 号）[EB/OL]. http://www.nhc.gov.cn/sps/s3594/201211/2b4831f001a740a48086fad152117286.shtml [2023-10-30].

魏晓，2022. 婴幼儿配方乳粉质量安全问题分析与风险管控对策研究 [D]. 哈尔滨：黑龙江东方学院.

吴爱英，相丽新，吕峰，等，2023. 塑化剂在食品中的残留风险分析及对策探讨 [J]. 中国标准化（8）：182-184，188.

徐立明，刘建波，张书武，2018. 食品接触塑料袋中塑化剂迁移情况探究 [J]. 塑料科技，46（5）：95-100.

杨香娟，2015. 陕西主要品牌配方羊奶粉中塑化剂的检测及暴露量评估 [D]. 杨凌：西北农林科技大学.

杨新月，赵艳坤，郑楠，等，2024. 乳品中邻苯二甲酸酯类塑化剂的检测与安全控制研究进展 [J]. 食品安全质量检测学报，15（2）：56-63.

张冠鹏，努尔哈依夏，2024. 阿叶提开勒得. 乳品加工全产业链质量控制与追溯体系研究 [J]. 中外食品工业（9）：108-110.

张琳，陈志周，甄红伟，2013. 袋装牛奶中邻苯二甲酸酯类增塑剂检测研究 [J]. 食品工业，34（10）：1-4.

中国营养学会，2016. 中国膳食指南 [M]. 北京：人民卫生出版社.

CIRILLO T, FASANO E, ESPOSITO F, et al., 2013. Study on the influence of temperature, storage time and packaging type on di-n-butylphthalate and di (2-ethylhexyl) phthalate release into packed meals [J]. Food Additives and Contaminants: Part A - Chemistry Analysis, Control, Exposure and Risk Assessment, 30 (2): 403-411.

DU F, CAI H, ZHANG Q, et al., 2020. Microplastics in take-out food containers. J [J]. Hazard Mater, 399: 122969.

FANG H, WANG J, LYNCH R A, 2017. Migration of di (2-ethylhexyl) phthalate (DEHP) and di-n-butylphthalate (DBP) from polypropylene food containers [J]. Food Control, 73 (B): 1298-1302.

FOURNIER S B, D'ERRICO J N, ADLER D S, et al., 2020. Nanopolystyrene translocation and fetal deposition after acute lung exposure during late-stage pregnancy [J]. Part Fibre Toxicol, 17: 55.

GB 31604.30—2016. 食品安全国家标准 食品接触材料及制品 邻苯二甲酸酯的测定和迁移量的测定 [S].

GB 5009.271—2016. 食品安全国家标准 食品中邻苯二甲酸酯的测定 [S].

GE W P, YANG X J, WU X Y, et al., 2016. Phthalate residue in goat milk-based infant formulas manufactured in China [J]. Journal of Dairy Science, 99 (10): 7776-7781.

GRUBER M M, HIRSCHMUGL B, BERGER N, et al., 2020. Plasma proteins facilitates placental transfer of polystyreneparticles [J]. Nanobiotechnol, 18: 128.

ÍÑIGUEZ M, JUAN A, 2017. Conesa, Andrés Fullana. Microplastics in Spanish Table Salt [J]. Scientific Reports, 7 (1): 8620.

JOANA C, PRATA, 2018. Airborne microplastics: Consequences to human health? [J]. Environmental Pollution, 234 (1): 115-126.

JOBLING S, REYNOLDS T, WHITE R, et al., 1995. A variety of environmentally persistent chemicals, including some phthalate plasticizers, are weakly estrogenic [J]. Environmental Health Perspectives, 103 (6): 582-587.

LI D, SHI Y, YANG L, et al., 2020. Microplastic release from the degradation of polypropylene feeding bottles during infant formula preparation [J]. Nat. Food, 1 (11): 746-754.

LIN J, CHEN W, ZHU H, et al., 2015. Determination of free and total phthalates in commercial whole milk products in different packaging materials by gas chromatography-mass spectrometry [J]. Journal of Dairy Science, 98 (12): 8278-8284.

LIU G H, SU P, ZHOU L, et al., 2017. Microwave-assisted preparation of poly (ionic liquid) - modified polystyrene magnetic nanospheres for phthalate esters extraction from beverages [J]. J Sep Sci, 40 (12): 2603-2611.

MOGENSEN U B, GRANDJEAN P, NIELSEN F, et al., 2015. Breast-feeding as an exposure pathway for perfluorinated alkylates [J]. Environ Sci Technol, 49 (17): 10466-10473.

PETERSEN J H, 1991. Survey of di- (2-ethylhexyl) phthalate plasticizer contamination of retail Danish milks [J]. Food Addit Contam A, 8 (6): 701-705.

QI Z Y, ZHANG Z R, JIN R, et al., 2023. Target analysis of polychlorinated naphthalenes and nontarget screening of organic chemicals in bovine milk, infant formula, and adult milk powder by high-resolution mass spectrometry [J]. Journal of Agricultural and Food Chemistry, 43 (2): 1021.

RAGUSA A, NOTARSTEFANO V, SVELATO A, et al., 2022. Raman microspectroscopy detection and characterisation of microplastics in human breastmilk [J]. Polymers, 14 (13): 2700.

SANZ CEBALLOS L, RAMOS MORALES E, DE LA TORRE ADARVE G, et al., 2009. Composition of goat and cow milk produced under similar conditions and analyzed by identical methodology [J]. Journal of Food Composition and Analysis, 22 (4): 322-329.

SOBHANI Z, LEI Y, TANG Y, et al., 2020. Microplastics generated when opening plastic packaging [J]. Sci Rep, 10: 4841.

YU Y H, KUANG M Y, ZHENG B H, et al., 2022. Detection of multiple endocrine-disrupting chemicals in milk: Improved and safe high performance liquid chromatography tandem mass spectrometry method [J]. J Sep Sci, 45 (9): 1538-1549.

ZHANG J, WANG L, KANNAN K, 2020. Microplastics in house dust from 12 countries and associated human exposure [J]. Environ Int, 134: 105314.

ZHANG Q J, LIU L, JIANG Y, et al., 2023. Microplastics in infant milk powder [J]. Environmental Pollution, 323 (1): 121225.

第七章
乳品塑化剂风险的防控策略

第一节　建立完善的奶产业链塑化剂的风险监测系统

一、奶产业链塑化剂污染的途径与环节

目前，关于乳品中塑化剂可能污染的来源，有4个可能途径。一是受自然界中塑化剂污染的原料，造成生乳中塑化剂本底值较高，从而导致加工产品中塑化剂含量高；二是受环境污染外源引入迁移导致，如水、土、空气受塑化剂污染迁移入动物体内，造成进入动物体内，最终经过食物链的富集作用，导致乳品中存在塑化剂类物质；三是生产加工、包装流通过程中接触性塑料产品不当使用塑化剂，从而迁移引起乳品污染；四是不法企业非法添加或使用含有塑化剂的食品添加剂或配料而造成乳制品污染。

从乳及乳制品生产链环节来看，涉及塑化剂风险监测的主要环节包括：奶畜饲养、原奶收储和运输、加工处理、包装。奶畜养殖是奶产业链的起点，主要包括奶畜的饲养和管理，在此环节中监测的内容主要包括：牲畜饮用水、饮水管线、饲养环境及饲草饲料；原奶收储和运输过程包括挤奶、收储及运输环节，这些环节中由于使用塑料制品而可能产生塑化剂污染的设施包括奶衬、奶管、储奶器；乳及乳制品的加工处理过程中，输送原料奶和物料的加工管线、加工设备的垫片及密封圈含有塑料制品，可能带来塑化剂污染；乳及乳制品的包装环节中主要的塑化剂污染来源于包装材料塑化剂的迁移。除上述生产环节，在乳及乳制品的生产过程中，其他环节包括使用了含有塑化剂的食品添加剂或配料也可能导致塑化剂污染。

二、各环节塑化剂风险监测的内容和检测方法

(一) 饲养环节

1. 饮用水和饲草饲料

目前,对于牲畜养殖饮用水水质要求的标准为 NY/T 5027—2008《无公害食品 畜禽饮用水水质》,饲草饲料卫生标准为 GB 13078—2017《饲料卫生标准》,这两个标准未对塑化剂做相应的要求和规定。但是,由于环境中塑料制品、农业地膜、滴灌带等塑化剂的迁移,造成地下水乃至植物体内塑化剂富集和残留,从而导致牲畜养殖饮用水和饲草饲料塑化剂污染。因此,塑化剂风险监测应包含牲畜的养殖饮用水和饲草饲料。牲畜的养殖饮用水塑化剂监测的主要技术方法可参考标准 HJ 1242—2022《水质 6 种邻苯二甲酸酯类化合物的测定 液相色谱-三重四级杆质谱法》。饲草饲料塑化剂监测的相关技术标准尚未颁布,相关文献显示周红霞等建立一种气相色谱质谱法(GC-MS)检测饲料中 20 种塑化剂残留的方法。

2. 土壤和垫料

目前,对于牲畜养殖场环境要求的主要标准包括 GB 3095《环境空气质量标准》、NY/T 388《畜禽场环境质量标准》、NY/T 1169《畜禽场环境污染控制技术规范》,这些标准均未对塑化剂做相应的要求和规定。塑化剂之所以成为全球性主要环境有机污染物,是因为它可以通过皮肤接触、环境迁移等途径污染有机体。因此,奶畜生活环境的土壤、垫料也是乳及乳制品塑化剂风险监测的内容。奶畜生活环境的土壤中塑化剂监测的主要技术方法可参考标准 HJ 1184—2021《土壤和沉积物 6 种邻苯二甲酸酯类化合物的测定 气相色谱-质谱法》、GB/T 39234—2020《土壤中邻苯二甲酸酯测定 气相色谱-质谱法》。奶畜垫料塑化剂风险监测的相关技术标准尚未颁布,可以根据垫料的类别和属性选择基质相近的技术方法进行塑化剂的检测。目前垫料主要包括橡胶垫、草垫、木屑和秸秆,橡胶垫塑化剂检测可以参考标准 GB/T 39110—2020《消费品 塑胶材料邻苯二甲酸酯类增塑剂快速筛选》,草垫、木屑和秸秆类垫料中塑化剂的检测可以参考周红霞等(2014)建立的基于气相色谱质谱联用技术检测饲料中塑化剂的方法。

3. 饮水管线

目前,对饮水管线塑化剂风险监测的相关标准尚未颁布,但塑化剂的迁移性已被证实。因此,饮水管线塑化剂的检测技术可参考标准 GB/T 39110—2020《消费品 塑胶材料邻苯二甲酸酯类增塑剂快速筛选》或相关

文献资料。

(二) 原奶收储和运输环节

原奶收储及运输环节塑化剂风险监测的主要内容包括：原料奶、奶衬、奶管、储奶器。原料奶塑化剂的检测技术可参考标准 GB 5009.271—2016《食品安全国家标准　食品中邻苯二甲酸酯的测定》、SN/T 3147—2017《出口食品中邻苯二甲酸酯的测定方法》。含有塑料制品的奶衬、奶管、储奶器中塑化剂的检测方法可参考标准 GB/T 39110—2020《消费品　塑胶材料邻苯二甲酸酯类增塑剂快速筛选》或相关文献资料。

(三) 加工环节

加工环节塑化剂风险监测的主要内容包括：奶产品、加工管线、垫片、密封圈。奶产品塑化剂的检测技术可参考标准 GB 5009.271—2016《食品安全国家标准 食品中邻苯二甲酸酯的测定》、SN/T 3147—2017《出口食品中邻苯二甲酸酯的测定方法》。含有塑料制品的加工管线、垫片、密封圈中塑化剂的检测方法可参考标准 GB/T 39110—2020《消费品　塑胶材料邻苯二甲酸酯类增塑剂快速筛选》或相关文献资料。

(四) 包装环节

加工环节塑化剂风险监测的主要内容为包装材料。包装材料中塑化剂检测方法参考标准 GB 5009.271—2016《食品安全国家标准　食品接触材料及制品　邻苯二甲酸酯的测定和迁移量的测定》、SN/T 4606—2016《食品接触材料　高分子材料 食品模拟物中邻苯二甲酸酯类增塑剂的测定　液相色谱-质谱/质谱法》获相关文献资料。

三、监测体系的建立

在奶产业链涉及的各个环节加强塑化剂的监测，制定合适的风险监测方案及管理制度，建立完善的塑化剂风险监测体系。塑化剂风险监测体系的建立主要内容包括：法律法规和标准的建立和完善，监测方案的制定，管理制度的建立。

(一) 法律法规和标准的建立和完善

1. 饮用水和饲料标准

制定和完善奶畜饮用水、饲料、饲料添加剂的质量标准、限量标准、检测标准，以保证设备设施的安全性，避免外源性塑化剂导致污染风险。

2. 环境标准

制定和完善水、空气、土壤、垫料等相关的质量标准、限量标准、检测标准，以保证环境的安全性，避免外源性塑化剂导致污染风险。

3. 设备设施标准

制定和完善奶畜饲养、原奶收储及运输、加工、包装等过程中含有塑料制品的设备设施的生产标准、质量标准、检测标准，以保证设备设施的安全性，避免外源性塑化剂导致污染风险。

4. 乳及乳制品标准

制定和完善乳及乳制品的生产标准、质量标准、限量标准、检测标准，同时提升标准与国际标准相接轨，为乳及乳制品的塑化剂风险评估和预警提供技术支撑。

5. 包装材料标准

严格制定食品包装材料塑化剂使用的政策和法规，制定和完善食品包装材料的质量标准、限量标准、检测标准，以保证设备设施的安全性，避免外源性塑化剂导致污染风险。

(二) 监测方案的制定

监测方案的主要内容包括监测的对象、监测的频次、监测和判定方法、监测风险的评估、监测风险的预警等内容。各个环节塑化剂来源的途径有所不同，监测方案侧重点应有所差异。

(1) 定期监测奶畜饮用水、饲料、环境（水、空气、土壤、垫料）、生乳、生乳包装材料等邻苯二甲酸酯类塑化剂的含量，依据相关法规或者标准进行风险污染的评估。

(2) 在各个环节，尽量避免使用塑料制品；必须使用塑料制品的，应使用质量合格的食品级塑料制品；设备和设施中的塑料管线、塑料垫圈等定期更换，防止老化造成塑化剂污染。

(3) 对制定的方案、监测的结果及相应的风险评估应以记录形式留存。

(三) 管理制度的建立

(1) 饲养环节相关管理制度，主要包括饲料采购管理、奶畜饮用水管理、饲养环境管理。

(2) 原奶收储和运输环节管理制度，主要包括挤奶设备消毒和清洁的管理、奶厅卫生环境管理、运输管理制度。

(3) 加工环节管理制度，主要为加工设备和设施管理。

(4) 包装环节管理制度，主要为包装材料管理。

第二节　建立完善的塑化剂防控技术规范

从生乳到乳品要经历养殖（饲喂、挤奶）、运输和加工等环节，在这一复杂的生产过程中，不论在哪一个环节受到塑化剂污染，均可能对最终的乳及乳制品质量造成影响，因此，应基于乳及乳制品生产的全链条，建立完善的塑化剂防控技术规范，才有可能实现乳品中塑化剂风险的控制。

一、养殖环节塑化剂防控技术规范（国市监食生〔2019〕214号）

（一）养殖场所和环境

（1）养殖场地选址时宜距离居民区500 m以上，且需地势高燥、平坦开阔、易于排水，背风向阳，空气流通，特别要注意要远离钢铁厂、电厂、垃圾焚烧厂和污水处理厂等污染源。

（2）养殖场的地下水位应在2 m以下，设立养殖场水源保护区，限制在水源附近使用和存放含有塑化剂的物品，防止农业活动中使用的塑料薄膜、农药容器等物品进入水源。

（3）养殖场水路管道和奶畜饮水容器宜选择食品级塑料或者非塑料材质，定期清理、维护和更换，以降低塑化剂引入风险。

（4）定期对空气、水质进行塑化剂含量监测，一旦发现异常需及时追溯污染源头并加以控制。

（二）饲料和饲喂

（1）养殖场应在遵守GB 13078—2017《饲料卫生标准》的前提下，结合实际制定适宜本场使用的饲料收购标准，其中应增加对饲料中塑化剂限制的指标。

（2）必要时可在收购前进行现场检查，评估饲料原料的种植环境和储存条件是否可能导致塑化剂污染，同时也可要求供应商提供塑化剂检验证明。

（3）建立饲料出入库档案，根据饲料的种类和批次分类存放，存放时尽量避免接触非食品塑料，做到先进先出，确保不会饲料过期。

（4）日常饲料生产前应对原料进行清洗和筛选，去除可能含有塑化剂的杂质，例如，滴灌带和地膜残膜等。

（5）饲料生产过程中使用各种设备，如搅拌机、混合机、干燥机等，其配件宜使用不含塑化剂的材质,并定期对生产设备进行维护和保养,减少磨损老化而释放塑化剂的风险,避免在日常生产过程中的引入污染。

(6) 优化饲料生产加工参数,如温度、压力和剪切力,以减少塑化剂从包装材料迁移至饲料的可能性。

(7) 避免使用含有塑化剂的塑料容器设备饲喂奶畜,定期清洁和消毒饲喂设备,防止塑化剂污染。

(8) 做好生产记录,包括使用的饲料原料种类、批次和数量以及生产设备维护情况等信息,定期对饲料进行塑化剂含量监测,一旦发现异常须及时追溯污染源头并加以控制。

(三) 挤奶

(1) 挤奶前应检查所有挤奶设备,确保所有与生乳接触材料的材质都是食品级不锈钢或者硅胶的;检查奶衬、密封圈、真空过滤网及真空调节器滤网等易损部件,定期更换;奶管、脉动管等至少每 3~6 个月更换 1 次,防止因材料老化而发生的塑化剂迁移。

(2) 选择使用不含塑化剂的清洁剂和消毒剂,严格按照预冲洗、碱洗、酸洗、水洗、消毒程序对挤奶设施设备进行清洗和消毒。

(3) 挤奶时选择使用不含塑化剂的消毒剂清洁乳头,严格按程序操作和管理,确保挤奶过程中的卫生安全。

(4) 贮奶罐及其配件尽可能避免使用塑料材质,应使用食品级不锈钢和硅胶等非塑料材质,每次使用后严格按照程序消毒,定期更换密封垫。

(5) 做好生产记录,包括使用消毒剂批次、清洗消毒过程、奶衬和密封垫等易损件的更换时间等信息,定期对生乳进行塑化剂含量监测,一旦发现异常须及时追溯污染源头并加以控制。

二、运输环节塑化剂防控技术规范

(1) 生乳运输车应取得生鲜乳准运证明,不得擅自改变车辆类型和用途,做到专车专用,防止因改装其他物品可能产生的塑化剂污染风险。

(2) 生乳运输车中所有与生乳接触材料的材质都是食品级不锈钢或者硅胶的,选择使用不含塑化剂的清洁剂和消毒剂严格按照预程序进行清洗和消毒。

(3) 做好生产记录,包括所运输生乳的批次、清洗消毒过程、密封垫等易损件的更换时间等信息。

三、加工储运环节塑化剂防控技术规范

（1）乳品加工前应加强对原辅料的管控，建立原辅料供应商审核和进货查验记录制度。对所采购的原辅料如包装材料、管线的密封垫片等，无法提供合格证明的，要开展塑化剂项目检验，检验合格后方可使用，避免使用不当产生的塑化剂污染。

（2）用于乳品加工的设备设施、管道、容器、工具等应为食品级不锈钢材质，连接部件应为食品级硅胶材质，须定期检查、维护和更换，避免因加工温度高加快材料老化造成的塑化剂污染。

（3）乳品加工时要再次检查投料前生乳的状态，并严格按照加工工艺进行生产，监控关键控制点，确保加工时不产生塑化剂带入风险。

（4）选择使用不含塑化剂的清洁剂和消毒剂严格按照 CIP 程序对加工设施设备进行清洗和消毒。

（5）在储存和运输过程中，要记录和控制温度的变化，以保持乳品在适宜的温度范围内。

（6）做好生产记录，包括加工生乳批次、加工步骤、清洗消毒过程、密封垫等易损件的更换时间和储运等信息，定期对乳品进行塑化剂含量监测，一旦发现异常须及时追溯污染源头并加以控制。

四、人员培训

在养殖、运输和加工环节，均应结合实际制订员工培训计划，培训内容覆盖塑化剂的基本知识、污染途径、健康影响以及防控措施等，确保员工具备识别和防控塑化剂污染的能力。

第三节　制定乳品塑化剂检测专用标准

乳品作为人们日常饮食中的重要组成部分，其安全性直接关系到消费者的健康。然而，由于生产工艺、包装材料等多种原因，乳品中可能含有一定量的塑化剂。因此，加强乳品中塑化剂的检测与监管，确保乳品安全，已成为当前亟待解决的问题。制定乳品塑化剂检测专用标准，对于保障乳品安全、维护消费者健康具有重要意义。

第七章 乳品塑化剂风险的防控策略

一、国内乳品中塑化剂相关检测标准情况

目前，我国已出台了一系列关于食品中塑化剂检测的标准，如 GB 5009.271—2016《食品安全国家标准 食品中邻苯二甲酸酯的测定》和中国出入境食品检验检疫行业标准 SN/T 3147—2017《出口食品中邻苯二甲酸酯的测定》。GB 5009.271—2016 中第一法规定了 16 种 PAEs 类物质含量的气相色谱-质谱联用（GC-MS）测定方法；第二法规定了 18 种 PAEs 类物质含量的气相色谱-质谱联用（GC-MS）测定方法，适用于所有的食品。而 SN/T 3147—2017 中规定了 24 种 PAEs 类物质含量的气相色谱-质谱联用（GC-MS）和液相色谱-质谱/质谱检测方法（HPLC-MS/MS），适用于酒类、液体饮料、固体饮料、果酱、果冻、调味品、香精香料、乳制品、面淀粉制品、橄榄油及糕点。这些标准为监管部门和企业的检测工作提供了指导。然而，在检测乳及乳制品中的塑化剂时，这些标准还存在一些不足。

1. 样品提取效率低

乳及乳制品的复杂性和特殊性，导致现行标准中的样品提取方法可能不适用于所有类型的乳及乳制品。例如，以正己烷作为提取溶剂时，容易出现乳化现象，导致提取效率低下，影响检测结果的准确性。因此，需要针对乳及乳制品的特点，重新选择或优化提取溶剂和提取方法。

2. 方法针对性不强

现行标准未充分考虑乳及乳制品的种类（如生乳、巴氏杀菌乳、灭菌乳、粉状乳制品、炼乳、发酵乳、干酪和乳脂等）及其高脂肪、高蛋白的特点，这导致检测方法的适用性和准确性受到限制，无法满足不同种类乳及乳制品中塑化剂检测的特定需求。

3. 方法定量限不适用

实际生产中，为确保乳粉中 DBP、DEHP、DINP 符合卫办监督函〔2011〕551 号最大残留量 0.3 mg/kg、1.5 mg/kg 和 9 mg/kg 的要求，须对原料生乳中 DBP、DEHP、DINP 检测提出更低的方法定量限，但是 GB 5009.271—2016 中 DBP、DEHP、DINP 的定量限分别为 0.3 mg/kg、0.5 mg/kg 和 0.5 mg/kg，SN/T 3147—2017 中 DBP、DEHP、DINP 的定量限分别为 0.1 mg/kg、0.1 mg/kg 和 0.5 mg/kg，现行标准中未区分生乳和乳制品中塑化剂的定量限，导致在实际应用中无法准确判断乳制品原料（如生乳）中的塑化剂含量。

二、制定乳品塑化剂检测专用标准

鉴于现行标准在检测乳与乳制品中塑化剂时的不足,制定乳品塑化剂检测专用标准显得尤为重要。专用标准的制定将针对乳与乳制品的特殊性和塑化剂的特性,进行以下方面的优化。

1. 优化样品提取方法

针对乳及乳制品高脂肪、高蛋白的特点,通过选择合适的提取溶剂、调整提取条件等方式,提高塑化剂的提取效率,从而确保检测结果的准确性。

2. 优化前处理条件

通过优化前处理条件,降低方法定量限,并对不同类型样品的定量限进行分类要求,以满足不同种类乳及乳制品中塑化剂检测的特定需求。

3. 提高检测准确性

规范检测方法、优化检测条件,确保提高检测准确性。

三、乳品塑化剂检测专用标准制定的意义与影响

1. 引导企业加强生产管理

专用标准将引导乳品企业优化生产工艺、加强原料控制、完善检测体系等,从而提高产品质量。

2. 保障消费者健康

通过确保乳品中塑化剂的含量在安全范围内,专用标准将有效保障消费者的健康权益。

3. 推动乳品行业健康发展

专用标准的制定将促进乳品行业的技术创新和绿色发展,推动乳品产业的转型升级和可持续发展。同时,标准制定方向将更加注重与国际接轨和科学性、实用性相结合。

四、结论

制定乳品塑化剂检测专用标准对于保障乳品安全、维护消费者健康具有重要意义。随着乳品行业的不断发展和消费者对食品安全要求的不断提高,乳品塑化剂检测专用标准的制定将进一步完善乳品安全监管体系。

未来,乳品行业将更加注重技术创新和绿色发展,推动乳品产业的转型升级和可持续发展。同时,标准制定方向将更加注重与国际接轨和科学性、实用性相结合,不断提高乳品安全水平。

第四节 研发新型塑化剂消减技术

在当前背景下,塑料产品的生产量持续上升,其中大量塑料产品被广泛应用于农业和畜牧业领域。由于邻苯二甲酸酯类塑化剂(PAEs)因其独特的物理化学特性,使它们在环境中表现出显著的持久性和流动性,成为持久性有机污染物。这类污染物普遍存在于土壤、植物以及水体中。PAEs能够通过植物的根系从土壤溶液中被吸收,并在蒸腾作用的推动下,通过木质部向植物的茎叶部分转移。PAEs可通过植物、水体以及奶畜的异食行为,在奶畜的胃中富集。由于生乳作为一种生物流体,可能含有环境中的污染物,加之PAEs的亲脂性质,这些污染物有可能进入生乳中。在养殖过程中,长期接触塑料产品也会增加PAEs的污染风险。在生乳的加工过程中,塑料制品与生乳的接触,尤其是在高温处理环节,会进一步增加PAEs的污染风险。因此,阻断和消减PAEs进入生乳,降低在人体中暴露的风险具有重要意义。

PAEs在自然环境中的降解过程涉及多种机制,包括物理吸附、高级氧化过程以及微生物降解。在物理吸附方面,常用的吸附剂包括壳聚糖、活性炭、黏土矿物材料、生物吸附剂和高分子树脂等。这些吸附剂由于其丰富的表面基团和孔隙结构,能够有效地吸附PAEs。在高级氧化技术方面,主要包括光催化氧化法、Fenton类氧化法、臭氧氧化法、超声氧化法、微波辅助催化氧化法和过硫酸盐(PS)活化氧化法等。这些方法通过产生高活性的氧化物种,能够有效地降解PAEs。微生物降解作为一种环境友好的处理方法,具有低成本、高效率、反应条件温和及不会产生二次污染等优点。迄今为止,关于废水中、污泥中、土壤中以及河流沉积物中PAEs的生物降解已经进行了广泛的研究。这些研究为理解和控制PAEs在环境中的迁移和转化提供了重要的科学依据。

一、常规消减技术

(一)物理吸附降解PAEs技术

1. 吸附原理

当含有可吸收溶质的溶液遇到具有高度多孔表面结构的固体时,固液分子间的吸引力是导致溶液中的一些溶质分子集中在固体表面的主要因素。高表面反应性和吸附能力是大表面积的结果。由于某种物理和化学的相互作用，物质从液相向固相进行传质的过程称为吸附（Chandarana 等，2021）。吸附区域或吸附剂移动位置的可达性是控制吸附过程的最重要因素。介质的 pH 值、温度和表面电荷对相转移和体系热力学的控制起着重要的作用。

物理吸附降解 PAEs 通常是采用活性炭与生物炭等炭质吸附剂，利用活性炭与生物炭具有大表面积和高孔隙率吸附环境中的 PAEs，其吸附 PAEs 的主要机制是 π-π 配位、氢键以及疏水作用。邻苯二甲酸酯中含有苯环、不同长度的烷基链、静电活性和酯类化合物。疏水性是邻苯二甲酸酯的性质之一，如果增加烷基链，则疏水性的影响会增加，因此从液体中吸附高烷基链变得简单。此外，吸附剂的 π 电子云通过芳香环的 π-π 堆积而形成，导致强烈的疏水相互作用和 π-π 电子给体-受体活性。邻苯二甲酸酯作为电子受体发挥作用，这种活性产生氢键，通过氢键加速吸附（Lu 等，2018）。生物炭等碳质吸附剂表面的官能团可以通过离子交换、结合、共沉淀和静电相互作用提高吸附能力。

2. 生物炭及其在 PAEs 脱除中的应用

生物炭，作为一种高效的吸附材料，可以由多种天然废物制备而成，包括植物壳和秸秆、动物粪便、水体中的藻类以及污水处理厂的活性污泥等。这些原料在 300~700℃ 的无氧或限氧条件下进行热解，产生具有多孔结构的生物炭，这些孔隙包括大孔、中孔和微孔，赋予了生物炭极高的比表面积。此外，生物炭表面富含多种表面官能团，包括有机极性官能团（如羟基、羧基、羰基、酯）和有机非极性官能团（主要是芳香烃）（Leng 等，2020）。

生物炭的吸附能力主要受其比表面积、孔径分布和表面官能团的影响。对于聚酯类增塑剂（PAEs）的去除效率，与 PAEs 的分子结构密切相关。PAEs 分子中的苯环、不同长度的烷基链、静电活性和酯基等结构特征，影响了其与生物炭的相互作用。疏水性是 PAEs 的一个重要特性，随着烷基链的增加，疏水性增强，从而使得具有较长烷基链的 PAEs 更容易被吸附。此外，芳香环能够与生物炭表面的 π 电子云发生 π-π 堆叠作用，产生强烈的疏水相互作用和 π-π 电子给体-受体相互作用。PAEs 作为电子受体，能够通过氢键与生物炭表面的官能团发生作用，加速吸附过程。对于短碳链 PAEs，生物炭的吸附作用主要是通过 π-π 相互作用和孔隙填充力实现的，而对于长碳链 PAEs，吸附作用则主要由疏水相互作用力所主导。对于支链 PAEs，由于其分子结构的特殊性，吸附力可能会因为分子间的团聚现象而减弱。因此，生物炭的吸附性能不仅取决于其自身的物理和化学特性，也与

PAEs 的分子结构和特性密切相关。

3. 生物炭去除 PAEs 的关键因素

（1）热解温度。热解温度对生物炭的表征起着至关重要的作用，进而影响 PAEs 的吸附。不同热解温度下，生物炭对 PAEs 的去除效率展现出差异性。在 200℃、300℃、400℃、500℃、600℃和700℃，6 种热解温度下制备的生物炭可去除 3 种不同疏水性的 PAEs（DEP<DBP<BBP），其中 400℃ 热解的无定形生物炭吸附量最大，300℃ 热解的无定形生物炭吸附量次之。

（2）生物炭原料。生物炭的制备原料包括竹子、秸秆、蔬菜废弃物和动物废弃物等，这些材料均可用于生产吸附 PAEs 的生物炭。不同原料来源的生物炭对 PAEs 的吸附效能存在差异，这一现象与原料的固有特性密切相关。以草本植物和木材为原料生产的生物炭为例，草本植物源生物炭（草炭）对于高浓度的 PAEs 展现出较强的吸附能力，并且对 PAEs 的非线性吸附现象较少。在相同的热解温度下，草炭的烷基碳含量和极性均高于木炭，这被认为是草炭具有更优吸附性能的原因之一。此外，生物炭的表面积也是影响其吸附 PAEs 能力的一个重要因素。在低热解温度和高热解温度下生产的动物粪便衍生生物炭对 PAEs 的吸附效率普遍高于植物残渣衍生生物炭，这可能是由于动物粪便衍生生物炭的表面碳含量显著高于其本体碳含量。竹子生物炭与秸秆生物炭相比，前者能够增强土壤对 DEP 的吸附能力并降低 DEP 的解吸能力。秸秆生物炭吸附性能较差的原因可能在于其原料中木质素含量较低以及生物炭本身的高 pH 值。

（3）基质中有机碳含量。土壤基质中的有机碳含量是影响生物炭对 PAEs 吸附性能的另一个关键因素。关于土壤中有机碳含量对生物炭吸附去除 PAEs 效果的研究已经相当广泛。生物炭对土壤中 DEHP 的生物有效性有显著影响，其中高有机碳含量的土壤中 DEHP 的残留浓度低于低有机碳含量的土壤。此外，生物炭能够降低低有机碳含量土壤中植物芽中 DEHP 的浓度，而在高有机碳含量土壤中，这种影响并不显著。

（4）不同方法改性生物炭对邻苯二甲酸酯的去除效果。为提高生物炭吸附效率，利用金属氧化物、石墨烯改性等以提高传统生物炭的吸附能力。这些改性策略旨在提升生物炭对 PAEs 的吸附容量，从而提高其整体吸附效率。例如，用纳米二氧化锰（$nMnO_2$）改性生物炭，显示出较高的 DBP 吸附容量，在 $nMnO_2$-生物炭（1∶20）条件下为 0.0364 mmol/g，而常规生物炭为 0.0141 mmol/g。$nMnO_2$-生物炭对 DBP 的吸附后，其上存在一定量的 Mn（Ⅲ）和 Mn（Ⅱ），表明改性生物炭上的 $nMnO_2$ 作为氧化剂加速了 DBP

的降解。此外，通过一步热浸法将氧化石墨烯与生物炭结合，制备了生物炭-石墨烯纳米片复合材料。这种复合材料具有更高的比表面积和热稳定性，并且其内部的石墨结构得到了增强，从而增加了与污染物之间的 π-π 配位相互作用。与同温度下热解得到的未改性生物炭相比，生物炭-石墨烯纳米片复合材料在吸附 DEP、DMP 和 DBP 方面表现出更高的能力。这些研究结果为生物炭的改性提供了一种有效途径，以增强其在环境修复中的应用潜力。表 7-1 列出了用于从环境基质中去除不同 PAEs 的不同吸附材料。

4. 生物炭去除 PAEs 的优点及不足之处

物理吸附作为一种有效的环境治理技术，对降解 PAEs 在奶畜养殖中的应用具有重要意义。PAEs 作为广泛使用的塑化剂，其在农业和养殖业中的残留，使得奶畜的生长和健康受到威胁，影响良种繁育和经济效益。通过利用物理吸附法，可以有效去除饲料、水源以及放牧环境中的 PAEs，减少其在奶畜体内的富集，从而降低对骆驼生理健康的潜在危害，减小 PAEs 对乳制品的污染风险。但是，从成本上来考虑，活性炭吸附剂价格昂贵，在奶畜养殖中无法大量投入。与价格昂贵的活性炭不同，生物炭被认为是一种低成本且经济环保的吸附剂，原因是生物炭的原料来源于农业和林业的废弃残渣。然而，生物炭因性能不稳定以及达到最大去除率的周期长等不足被限制其实际应用在奶畜养殖中。

表 7-1 部分邻苯二甲酸酯去除研究中涉及的吸附剂（Sahoo 等，2023）

吸附剂	PAEs	浓度/(mg/L)	pH 值	时间	温度/℃	吸附量/(mg/g)
麦秆中的生物炭	DMP、DEP	80	—	2~3 d	35	2 027.41、2 047.15
豆荚生物炭	DBP、DEP	150	3.8	30 min	30	438、977
松树果壳生物炭	DBP、DAP、DEP、DMP	5	2.0	60 min	25	5.65、3.64、2.78、2.48
纳米生物炭	DEP	60	9.0	4 d	25	34
石墨烯生物炭	DBP	10	6.4	24 h	25	27.03
石墨烯氧化物	DBP、DEP、DMP	1~200	—	3 h	25	62.26、58.9、84.13
氧化石墨烯-功能化磁性纳米颗粒	DEP	80	3~10	10 min	25	8.71
单壁碳纳米管	DBP、DEP、DMP	0~4	—	30 min	25	148、145、234
海藻	DEHP	40	4	200 min	30	5.68

（续表）

吸附剂	PAEs	条件				吸附量/(mg/g)
		浓度/(mg/L)	pH 值	时间	温度/℃	
MIP 修饰蛋黄壳微球	DEP、DBP、BBP、DEHP、DnOP	1 000	—	20 min	25	569.2
N/S-doped 生物炭	DEP	10~80	7		25	14.34
活性污泥	DEP、DBP	0.5~10		24 h	25	0.73、17.6

（二）高级氧化法降解 PAEs 技术

1. 高级氧化工作原理

高级氧化法（Advanced Oxidation Processes，AOPs）是 PAEs 修复中最常用的化学方法。常见的 AOPs 包括光催化、Fenton 氧化、臭氧化等，该技术通过诱发活性氧（Reactive Oxygen Species，ROS）的形成，例如羟基自由基（OH·），实现对 PAEs 的快速氧化分解，将其转化为更小分子量的最终降解产物，这一过程显著提高了有机污染物的降解效率和速度，为环境修复提供了一种有效的技术手段。

2. 高级氧化法及其在 PAEs 脱除中的应用

在光催化过程中，半导体氧化物充当了光解反应的催化介质。尽管部分 PAEs 能够自发地经历光解作用，即通过直接吸收光能引发的降解过程，然而，实现完全的氧化作用通常需要额外的催化剂或氧化剂。当这些催化剂暴露于光照之下，会在其价带中产生电子缺陷，形成电正性的空穴。这些空穴具备显著的氧化潜力，进而促成在半导体表面吸附的活性氧物种的形成。一旦有机分子被吸附于该表面，它们便会被这些活性氧物种所氧化。

在众多光催化剂中，TiO_2 因其无毒、环保、操作简便以及对重金属污染物具有高效去除的能力而得到了广泛的应用。Fenton 氧化是一种利用亚铁离子在酸性环境中催化过氧化氢（H_2O_2）分解的过程，该过程产生一系列高活性的自由基，这些自由基能够有效氧化有机污染物。Fenton 氧化技术包括多种变体，如基本 Fenton 氧化工艺（$H_2O_2+Fe^{2+}$）、类 Fenton 氧化工艺（$H_2O_2+Fe^{3+}$）、声纳 Fenton 氧化工艺（超声波+H_2O_2+Fe^{2+}）、声纳光 Fenton 氧化工艺、光 Fenton 氧化工艺（UV+H_2O_2+Fe^{2+}）、光电 Fenton 氧化工艺。Fenton 氧化试剂为 H_2O_2 和 Fe^{2+} 的混合物，H_2O_2 分子被铁催化剂分解，生成羟基自由基，类 Fenton 氧化试剂为 H_2O_2 和 Fe^{3+} 的混合物，生成亚铁离子和羟基自由基（OH·），它们在降解过程中不如 HO· 自由基有效。臭氧化是一种利用臭氧作为强氧化剂的处理方法,它能够直接与有机化合物反应,或者通过形成活性氧物种来间接氧化这些化合物。在光解过程中,臭氧能够产生羟基自由基(OH·),进一步氧化降解 PAEs。例如,O_3/Al_2O_3 可有效降解水中 PAEs 且造价便宜。但臭氧氧化不仅需要大量能量,还会产生有毒的氧化副产物。表 7-2 列举了处理 PAEs 所涉及的不同 AOP 技术。

3. 高级氧化法的优点及不足之处

AOPs 反应迅速,能在较短时间内达到较高的去除效率,这对于需要快速治理水体污染的养殖环境尤其重要。然而,AOPs 虽然在去除污染物方面表现卓越,但其实施成本较高,涉及的设备和技术要求也相对复杂,可能限制了在一些小规模养殖场的普遍应用。此外,该方法在处理过程中可能产生二次污染,特别是在反应过程中生成一些副产物,在实际应用中需要精确控制反应条件,以最大限度地减少对环境的负面影响。因此,在考虑应用 AOPs 处理奶畜养殖环境中的 PAEs 时,须综合评估其经济性、操作便捷性及环保性,以确保有效治理的同时,也能实现可持续发展,故 AOPs 不是降解奶畜环境及乳制品中 PAEs 的首选方案(表 7-2)。

表 7-2 AOPs 介导的邻苯二甲酸酯修复及其在不同邻苯二甲酸酯修复工艺中的处理效果(Sahoo 等,2023)

PAEs	浓度/(mg/L)	AOPs 技术	去除效率/%
TPA	50	UV-H_2O_2	100
DEP	85	UV/H_2O_2	90
DMP	100	UV/H_2O_2	100
DMP	0.35	UV/H_2O_2	100
DEP	0.04	O_3/H_2O_2	70
DEHP	1	UV	85
DEP	102.5	O_3/H_2O_2	100
DMP	60	UV/H_2O_2	100
DEP	8.73	UV/H_2O_2	92
DBP	194.2	UV/H_2O_2	77.1
DBP	5	催化过氧单硫酸盐	100
DBP	58.2	UV/H_2O_2	100
DBP	0.28	UV/过硫酸盐	90

（续表）

PAEs	浓度/（mg/L）	AOPs 技术	去除效率/%
DMP	0.2	催化过氧单硫酸盐	76.16
DEP	200	O_3/TiO_2	81
DEHP	1	Fe^{2+}/过硫酸盐	91.1
DMP	30	催化过硫酸盐	90
DMP	100	催化过硫酸盐	100

（三）生物降解 PAEs 技术

1. 微生物修复

（1）微生物降解方式。PAEs 的代谢途径主要是在中间产物鉴定的基础上提出的。PAEs 的主要代谢途径可分为两个主要步骤：①将 PAEs 转化为 PA（上游步骤）和②利用 PA（下游步骤）。作为 PAEs 分解的关键步骤（图 7-1），上游步骤备受研究人员关注。上游步骤涉及两种反应：①减少侧链长度。例如，将 DBP 转化为 DEP（β-氧化），将 DEP 转化为邻苯二甲酸乙基甲基酯（EMP）（反酯化），以及将 DEP 转化为 DMP（去甲基化）。减少侧链可大大降低长侧链的立体效应。②酯键水解。这是 PAE 厌氧降解和好氧降解的共同步骤，最终生成 PA。由于长侧链对酶反应的立体效应，短链比长链更容易水解。

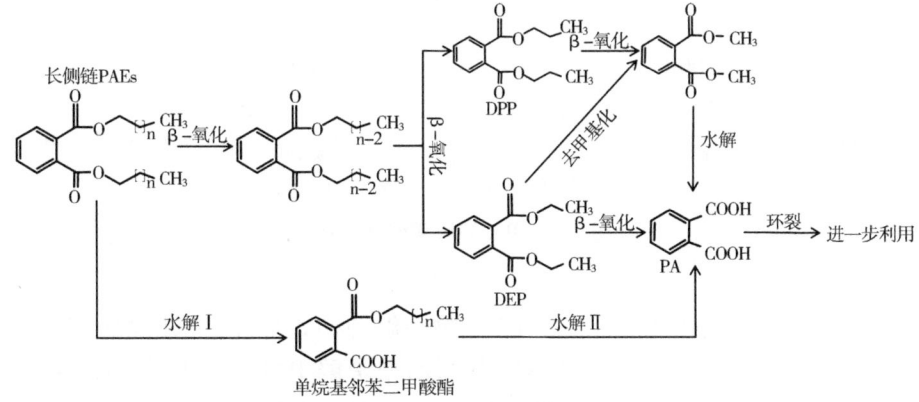

图 7-1 PAEs 到 PA 的主要代谢途径

（Ren 等，2018）

PA 是 PAEs 生物降解过程的核心中间产物。PA 可通过破坏作用被进一步利用，而 PA 在有氧和厌氧条件下的代谢途径是不同的。①有氧过程（图 7-2）：PA 首先转化为另一种关键的中间产物原儿茶酸。不同菌株的转化过程不同，主要由 4,5-二羟基邻苯二甲酸酯或 3,4-二羟基邻苯二甲酸酯介导。原儿茶酸的环状裂解是由内二醇环状裂解二氧酶或外二醇环状裂解二氧酶介导的，它们分别生成 3-羧基丁二酸或 4-羧基-2-羟基粘半醛。3-羧基丁二酸被转化为 β-酮己二酸并进入 β-酮己二酸途径。4-羧基-2-羟基粘半醛被分解成草酰乙酸和丙酮酸。②厌氧过程（图 7-3）：PA 首先通过脱羧转化为苯甲酸。苯甲酸然后通过 β-氧化作用转化为己二酸再进一步利用。苯甲酸在氧化过程中会产生一些中间产物，包括 1-环己烯-1-羧酸和 2-羟基环己烷羧酸。

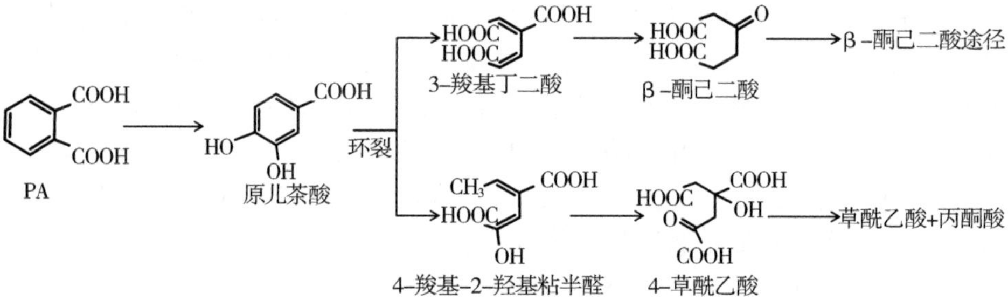

图 7-2　PA 的有氧代谢途径
（Ren 等，2018）

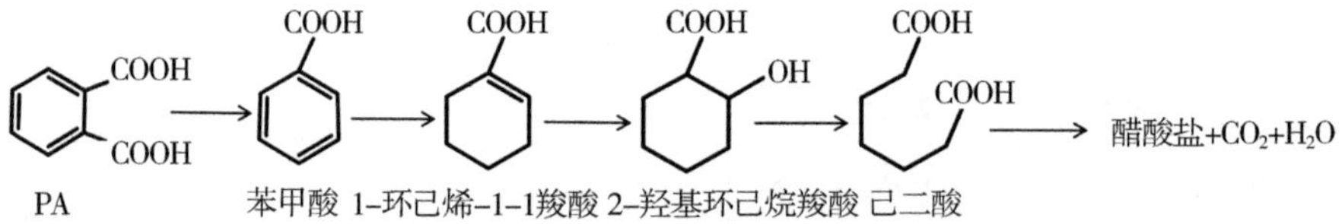

图 7-3　PA 的厌氧代谢途径
（Ren 等，2018）

（2）水解酶的作用。作为 PAE 生物降解的初始步骤，水解酶的催化作用促进了酯键的水解。许多水解酶基因已在降解 PAEs 的细菌中被鉴定出来，如 PME hydrolase（SPC10960.1） MpeH（MK165156）、*Arthrobacter keyseri* 12B 中鉴定出来的基因 *pehA*、*Rhodococcus jostii* RHA1 中鉴定的 *patE* 基因。PAEs 水解酶主要分布在 5 个酯酶家族（家族Ⅳ、Ⅴ、Ⅵ、Ⅷ和一个未知的家族），并具有一些相同的保守序列基序，例如，含有 Ser、Glu（或 Asp）和 His 的催化三联体在 I、V 和 VI 族中被广泛报道，包含催化三联体的丝氨酸残基保守基序 GXSXG 也被广泛报道。常见的 PAEs 降解菌株有镰刀菌属（*Fusarium*）、戈登氏菌属（*Gordonia*）、节杆菌属（*Arthrobacter*）等。目前已知具有降解 PAEs 的酶有来自 *C. oxalaticus* strain E3 的 PME hydrolase（SPC10960.1），从荷塘污泥宏基因组中鉴定出来的 XtR8（MK912039）、从土壤宏基因组中鉴定的 EstM2（KP113669）等。表 7-3 和表 7-4 列出了几种典型的 PAEs 降解菌株和具有降解 PAEs 功能的酶（农素金，2023）。

表 7-3 部分邻苯二甲酸酯去除研究中涉及的菌株

菌株	底物	条件			降解率
		浓度	温度/℃	时间	
Cupriavidus oxalaticus strain E3	DBP、DEHP	200 mg/L	—	60 h	DBP = 87.4%~94.4% DEHP = 82.5%~85.6%
Paracoccus kondratievae BJQ0001	DMP	200 mg/L	37	24 h	100%
Microbacterium sp. PAE-1	DBP	0.5 mmol/L	30	10 h	100%
Gordonia terrae RL-JC02	DEHP	50 mg/L	—	72 h	100%
Gordonia sp. Lff	DEHP	1 000 mg/L	—	48 h	90%
Gordonia sp. strain 5F	DHXP、DEP、DPrP、DNOP、DBP、DIBP、DEHP、BBP	1 000 mg/L	30	5 d	>90%
Fusarium culmorum	DBP	1 000 mg/L	—	168 h	99%
Gordonia sp. YC-JH1	DEHP	100 mg/L	40	12 h	86%
Arthrobacter sp. SLG-4、*Rhodococcus* sp. SLG6	DOP	600 mg/L	30	72 h	>90%
Pleurotus ostreatus	DEHP、DBP	1 000 mg/L	—	504 h	DEHP = 100% DBP = 94%

表 7-4 部分邻苯二甲酸酯去除研究中涉及的酶

酶	底物	条件				降解率
		浓度	温度/℃	pH	时间	
PME hydrolase（SPC10960.1）	MEHP、MBP	—	—	—	—	—
EstYZ5	DEHP	1 000mg/L			12 h	

（续表）

酶	底物	条件				降解率
		浓度	温度/℃	pH	时间	
MpeH（MK165156）	MBzP、MHP、MEP、MBP、MEHP	—	30	9.0	—	—
DpeH（MK165157）	BBP、DBP、DEP、DMP、DEHP	—	30	8.0	—	—
XtjR8（MK912039）	DBP	0.5 mmol/L	40	8.0	10 min	—
EstM2（KP113669）	DBP、BBP、DPP、DEP、DMP、MBP、MPP、MEP、MMP	1 mmol/L	37	8.0	60 min	—
EstJ6（MK037455）	DBP、DPP、DEP、DMP、DEHP	—	—	—	—	—
BaCEs04（MK617184）	DMP、DEP、DBP	1 mmol/L	37	7.0	5 h	DMP=32.4% DEP=50.5% DBP=86.8%
BDS4（AWR93191.1）	DMP、DEP、DBP	1 000 mg/L	37	8.0	12 h	—
MphG1（MH674097）	MEP、MBP、MHP、MEHP	—	—	40	10	—

2. 植物修复

（1）微生物降解方式。植物修复（Phytoremediation）是通过植物的吸收代谢和降解转化等生理功能来降低土壤中的污染物含量的治理技术。植物受到有机污染物胁迫时会通过自身生理活动来抵御这种胁迫，所以少数情况下有机污染物会表现出刺激植物光合作用或"低促高抑"的现象。例如，紫花苜蓿及黑麦草对土壤中PAEs有良好的降解修复能力，可作为污染土壤修复的模式植物。紫花苜蓿对PAEs具有一定吸收能力且主要在根系对其进行代谢，种植紫花苜蓿加快了土壤中DEHP的降解。种植紫花苜蓿及黑麦草对土壤中DEP、DBP、BBP和DEHP具有良好的修复效果：紫花苜蓿去除效果最好，总去除率达到60%以上，DEHP去除率达71.69%，而黑麦草对PAEs的总去除率达到53.63%。此外紫花苜蓿和黑麦草对土壤中6种PAEs具有修复作用，单作紫花苜蓿去除率达90%以上，其他处理的去除率也超过80%。

（2）植物-微生物联合修复。植物-微生物联合体系中，植物根系为微生物生长提供场所，微生物提高植物对胁迫的抵抗力进而增强植物对污染物的降解，二者互利共生，利用土壤-植物-微生物组成的复合体系来共同降解有机污染物，清除环境污染。植物-微生物联合修复具有效率高、成本低、安全性强、应用范围广等优点。通过接种降解菌可以促进植物降解PAEs，从而有效地修复土壤污染。例如，紫花苜蓿和黑麦草作为污染修复的模式植物，其牧草—微生物体系也在污染修复中发挥重要作用。在DEHP污染土壤中种植紫花苜蓿，加快了污染物降解的同时也提高了土壤中细菌多样性水平，优势菌也发生显著变化。紫花苜蓿积极参与有机污染物多环芳烃的降解，其根系分泌物和根际微生物对多环芳烃降解具有耦合效应（于淑婷，2021）。

参考文献

农素金，2023. 羧酸酯酶及其全细胞催化剂对邻苯二甲酸酯的降解研究［D］. 昆明：云南师范大学.

食品法规中心，2019-11-08. 市场监管总局关于食品中"塑化剂"污染风险防控的指导意见 国市监食生〔2019〕214号［EB/OL］. http://law.foodmate.net/show-208687.html.

于淑婷，2021. 邻苯二甲酸酯降解菌筛选及其与牧草联合修复土壤研究［D］. 兰州：兰州大学.

周红霞，华春，唐慧敏，2014. 气相色谱-质谱法（GC/MS）检测饲料中的20种塑化剂残留［J］. 食品工业科技，35（10）：74-78.

CHANDARANA H, KUMAR P S, SEENUVASAN M, et al., 2021. Kinetics, equilibrium and thermodynamic investigations of methylene blue dye removal using Casuarina equisetifolia pines［J］. Chemosphere, 285：131480.

LENG L, XU S, LIU R, et al., 2020. Nitrogen containing functional groups of biochar: an overview［J］. Bioresource Technology, 298：122286.

LU L, WANG J, CHEN B, 2018. Adsorption and desorption of phthalic acid esters on graphene oxide and reduced graphene oxide as affected by humic acid［J］. Environmental Pollution, 232：505-513.

REN L, LIN Z, LIU H, et al., 2018. Bacteria-mediated phthalic acid esters degradation and related molecular mechanisms［J］. Appl Microbiol Biotechnol, 102（3）：1085-1096.

SAHOO T P, KUMAR M A, 2023. Remediation of phthalate acid esters from contaminated environment-Insights on the bioremedial approaches and future perspectives［J］. Heliyon, 9（4）：14954.